# 那個為什麼會熱賣

## 商品與資訊氾濫的時代，如何利用「框架攻略法」讓消費者「衝動購買」

博報堂買物研究所……著
郭子菱……譯

なぜ「それ」が買われるのか？

情報爆発時代に「選ばれる」商品の法則

# 各界推薦

爆量商品把消費者的選擇樂趣消磨殆盡，反而降低了購物意願。其實，消費者還是想要主導權，只是不想浪費這麼多時間進行比較挑選。而書中的「框架攻略法」提供了兩全其美的辦法，不要讓消費者從零開始，而是讓他在眾多選項中不管選哪一樣，都可以受到重視、獲得滿足與參與其中，建立緊密的關係才是新時代的成功商業模式。

——Jenny／JC趨勢財經觀點版主

這個時代的商業經營者，面臨了一個困境：投入了大量精力在產品開發與行銷，為何消費者還是不選擇我的商品？

業者必須理解，在資訊爆炸的時代，消費者對「選擇」的無力感。本書從消費者心理出發，一路談到新時代的銷售策略，易讀、好懂，而且有效。如果企業投入研究消費者的選擇困境，進而調整服務設計，必能優化營運。推薦這本書，給認為自己摸不著消費者在想什麼的朋友。

——曾信儒／林果良品創辦人

電商網購的市場競爭白熱化，市場對消費心理學的需求增高，這本書裡頭分析的圖表及模型，適合所有品牌主、經理人針對市場研究、規劃銷售活動前閱讀著墨，如何在網購市場與社群平台結合，創造讓消費者購物的行銷決定因素。

——電商人妻 Audrey

# 目錄

前言／

# 貴公司是因為這樣才不會被選擇

## 明明是「好東西」卻賣不好的理由

最近，你在購物中選擇某樣商品時，是否曾有過「啊——真麻煩！」的想法呢？

以前明明很享受購物的，現在卻不知為何感到壓力。假設你有這種感受，本書會幫助你理解形成壓力的原因。事實上，覺得「購物很麻煩」的人不是只有你，而是近年來所有消費者的趨勢。

如果你目前從事販售商品或服務的工作，本書也許會更加有用。因為，你的顧客中已經有不少人開始感到「購物很麻煩」。在覺得購物很麻煩的時代，「熱賣」公司的特徵也開始產生變化。

例如，德國就有一間只販售十八樣商品的超級市場正大為活躍。在日本，一間會優先推薦沖洗相片的相機店成為了栃木縣第一的銷售店。這是為什麼呢？本書就是要解開這些謎題。

此外，在解開謎題的過程中，我也看到只要改善自家公司的商品或服務就能大賣，甚至只要高聲強調其優勢就能大賣——這種過時的市場行銷方式，可能已經無法適用於現今覺得「購物很麻煩」的消費者。本書會徹底說明感到「購物很麻煩」的消費者實際狀況，並介紹該怎麼做，商品才會被消費者選擇、購買的理論與具體方法。我有自信，本書對銷售業、企劃經營、市場營銷人員、廣告製作人、商品開發等所有跟買賣有關的人都能夠派上用場。

「商品賣不出去的時代」已經被人們講了二十年以上。大部分的人以為賣不出去的原因在於「商品、服務價格太昂貴，或是品質不夠優秀」，認為只要改善商品、降低價格、改變名稱或外包裝的設計，就會賣得更好。然而，事情可沒有那麼簡單。根據博報堂買物研究所進行的調查可以得知，現狀是無論商品再怎麼優秀，一旦被埋沒在滿溢的資訊與商品之中，就「不會被選擇」，也就是「賣不出去」。

這與二〇〇〇年代後半購物環境的改變有著莫大關聯。

第一項變化，是「**資訊增加到難以置信**」，也就是「資訊爆炸」。尤其自從智慧型手機普及以來，人們幾乎一天二十四小時無論何時何地，都暴露在沒有極限的資訊當中，只要用網路搜索一下，就會有大量的商品映入眼簾。甚至，散布惡意資訊的假新聞，發送讓消費者無法察覺是宣傳的網路評價，祕密行銷成為代表性問題，朝著消費者傾巢而出的資訊品質良莠不齊，進而產生了「不知道該相信什麼」的情況。在這樣的情況之下，需要掌握資訊與商品後再購物，會造成心理上的壓力與耗費時間成本。

第二項變化，是「**多樣化的購買方式**」。隨著網際網路的出現，除了百貨公司、超級市場、便利商店等實體店面以外，還有多種方式可以購物。亞馬遜、樂天等網路商城自然是不在話下，由於智慧型手機的普及，新的購物方式也相繼出現。譬如，透過網路買賣個人不需要的物品，也就是網路「二手市場App」服務，個人得以在網路上交易，偶爾也會一邊交涉價格，一邊買賣。再者，一面在手機上觀看名為「Live Commerce」的現場直播影片一面購物的服務也正急速擴張。這些賣家是在社群網站上博得人氣，被稱為「網紅」的一群人。他們選擇自己推薦的商品，在網路上透過直播販賣，在中國，甚至還出現透過這類服務而一年賺進五十億日圓的網紅。

這些新的服務，也有著享受購物體驗的層面在。不過另一方面，人們就很難得知想要購物時該在哪一家店購買？要用什麼方式購買才划算、才聰明，甚至是快樂？因而很容易產生迷惘。

第三項變化，是**消費者能用在「購物」上的勞力減少了**。現在是夫妻兩人都有工作，且由老公做家事、照顧子女也很理所當然的時代，更有許多年過六十五歲的長者都還在工作著。如今的消費者會一個人肩負眾多職責，是工作者、做家事的人、照顧子女的人，甚至是在高齡化社會負責照顧雙親的人等等。在這樣的趨勢中，有超過七成的消費者抱有「自己有很多不得不做之事」的意識。在一個人該做之事變多的社會，消費者沒有餘裕像過去一樣花時間與勞力在購物上。

消費者被大量的資訊、無法信任的資訊擾亂，對選擇商品感到茫然，煩惱正確的購買方式，甚至還有「該做的事情增加」這強烈的衝擊迎面襲來。於是，消費者身上就產生了「**明明有購物慾，卻無法購買**」的新現象。即便「渴望著」什麼，在複雜的購物環境中依舊對購物產生迷惘，結果就算有慾望也無法購買。新的資訊蜂擁而至，在慌張度日的生活裡，甚至連想購物的這種「慾望」都漸漸被遺忘。

商品與服務賣不出去的原因，不僅只是沒能掌握消費者需求、價格過高、商品品質差強人意而已。縱使「想要」某個商品或服務，面對大量的商品資訊與多樣化的購買方式卻無法決定何者為正確的選項，就出現了「無法購買」這個新的因素。新時代產生了這種「賣不出去」的新理由——在這個時代，無論商品有多麼優秀，當消費者迷惘於資訊與購買方式之中，「啊——選擇好麻煩！」的想法變成壓力時，商品就不會被選擇了。沒有被選上，就賣不出去。

這十年來，我們自己調查資訊，並執行了所比較、探討出來的「聰明購物」。我們很熱中於尋求性價比高的好商品，於網路上有效率地蒐集情報，形成入手「便宜好商品」的購物風格。但是，在資訊量過度增加且複雜化的現代，善用情報來聰明購物反而成了負擔。

已經對「聰明」購物感到疲乏的消費者會怎麼做？在此我想關注的是，消費者為了盡可能減少購物時的勞力，會「事先篩選」候補商品範圍這嶄新的購物行動。

例如，在選擇家電用品時，「購買家電藝人（譯註：在日本意指會抬舉特定家電，且會詳細、熱中闡述該家電的藝人，如©吉本興業）所推薦之商品」在不久之前成為話題。近年來，家電正朝著高性能化、多樣化前進。超過十萬日圓的電鍋、自動打掃機器人、前所未見的高級美容家電等相繼登場。光追蹤新機能就已經很辛苦了，沒想到評價的數量更是龐大。對於煩惱著無法做出選擇的人，用有趣、淺顯易懂的方式推薦「現在該買之家電」的家電藝人，就成了暢銷家電的領頭羊。對消費者而言，簡直可以說是實踐了重要的篩選商品機能。

此外，「旅行」也是個候選城市與遊覽類型豐富，消費者容易對選擇感到迷惘的商品之一。在這之中，一群名為「職業旅行家」（Rmitsubachi works 股份有限公司）的網紅正受到 Instagram 世代年輕人的關注。這些職業旅行家會接受世界各國與企業贊助，巡迴於名勝與絕景地點。他們有著撰寫「在社群網站上會獲得高讚數」的貼文、拍攝照片與影片之能力與技術，展現旅行地點的魅力，讓人看了也想去。這些職業旅行家對於喜歡旅遊的年輕人而言，已是忠實追蹤的重要對象。

在這樣的趨勢中，「名牌」的意義也開始產生變化。過去，講到時尚的世界名牌，就是會讓人抱有強烈的憧憬，想著總有一天要入手，而消費本身也成為「目的」一般的存在。人們逛遍各式各樣的名牌店，斟酌商品，並雀躍地購入。然而，在撰寫本書所進行的訪談中，我們遇到一位對時尚很講究的男性並非如此。雖然他的興趣是研究時尚穿搭，卻不會逛遍許多店面，也不會因為對名牌抱有強烈的迷戀，而產生「只能在這裡購買」的執著。

他早已下定決心——「自己的人生課題是**『效率』**。逛遍很多店家是沒有效率的，所以只會穿搭特定雜誌裡會出現的風格」。倘若他想買衣服，首先，他會為了實踐某雜誌上刊登的穿衣風格，而去逛幾間方便的名牌店家。因為是自己常去的店鋪，店內的工作人員也會根據他的喜好推薦品項，只要在該處購買，即可達成目的。對他而言，名牌並不是非得入手的夢幻商品，頂多是打扮成喜愛風格的一種選項罷了。縱使他喜愛時尚，在購物前也依然有著「只穿某雜誌裡出現的風格，只去得以輕易實踐該風格的幾間名牌服飾店」這樣的大前提，鎖定了選項，節省購物時需要花費的勞力。名牌只不過是協助鎖定龐大選項的工具罷了。

再者，不追網紅或名牌，而是善用「機械／ＡＩ技術」作為鎖定的方法也變得日漸容易。使用智慧型手機拍攝自己的臉部照片後，由App分析自己的膚色、臉型、眉毛位置等，提議適合自己臉部化妝品的服務也出現了。能夠配合個人，將ＡＩ調整到適合每個人的級別並推薦商品，或許就是「篩選」的極致。

正如各位所見，近來的消費者因為使用了這類「篩選裝置」，減少花費在購物上的勞力。在資訊爆炸的時代中，我們決定將這樣的購物行動稱之為「框架攻略法」。

所謂「框架攻略法」，並不是從零開始在龐大的商品群中選擇，而是「事先配合自己要求的品質與喜好，決定好能夠安心選擇的範圍，並從中選擇，極力減少選擇上的疲勞」之購物行動。透過這個「框架攻略法」，可以減少花在購物上的勞力，下決定也會變得更有效率。

消費者早已不會再把龐大的商品群全部看過後才做出選擇。在「購買」的入口，如果沒能進入各個消費者為了減輕選擇疲勞，而以各種形式設定出來的「框架」，那根本連「被選擇」的起跑線都沒能站上去。

至今為止，能夠以便宜價格收到好商品與服務的「性價比」很重要。然而，在現今資訊爆炸時代，這個「性價」除了金錢以外，選擇商品的「勞力」比重也正急遽增加。從今往後，**「如何不耗費勞力就能安心選擇」**會大力地左右消費者是否購買商品或服務。

同時我們應該注意的重點是，消費者並非單純地想著「期望將選擇的勞力歸零」。消費者並沒有「想把購物全部託付給他人」，而是「從頭選擇很麻煩，但也不想放棄選擇的樂趣」。

因此，綜觀從過去觀察到現在的消費者趨勢，企業應該採取的戰略又是什麼呢？那就是「一面減少消費者選擇的勞力，一面篩選對那個人而言具有魅力的商品與服務，同時提供從『框架』中挑選商品的樂趣」。本書將這取名為**「框架制定」策略**。對消費者來說，想要委任多少選擇、想要參予多少選擇的樂趣是依據商品不同而異。從大多會習慣性先決定好品牌後才購買的調味料、洗衣粉等商品，到抱持著「感覺生活會變得更開心！」等期待而選擇的家電與家具等，範圍廣泛。因此，想要有策略地建立「框架」，可不像字面上說得那麼簡單。

不過，已經有企業在這個提案上成功了。本書介紹的幾間企業案例，全部都適用於以下三個「框架」的其中之一。

1. 因「這個就好」所選的商品與服務（積極妥協）

2. 因「這個很好」所選的商品與服務（對生活上的發現進行提案）

3. 因「只有這個」所選的商品與服務（不只消費，還可以參與）

我們當然還能夠想出其他的「框架」，不過成功建立這些框架的企業與團體，其共同的框架制定特徵，即是不單單節省了消費者選擇的手續，還實現了消費者無法靠自己發掘、實踐的生活型態。

譬如，本書所介紹的「保險窗口」，就是藉由幫助消費者選擇保險這種難以比較、探討的商品，以實現「安心生活」。在美國一間名為「Laurel & Wolf」的企業，將難以自己從頭思索的「室內設計」案例推薦給用戶，實現「時尚的生活空間」。換句話說，即是在購物的入口提出「或許能夠改變生活」的預感或暗示，我們將這個戰略取名為「生活慾望領導行銷」。

讓大家理解、實踐並應用「框架攻略法」與**「生活慾望領導行銷」**這兩點，便是本書的目標。

# 序章／過去，購物曾是「幸福」的

因為下個月有假期，你想來一趟溫泉旅行，不過這個月的支出有點多，希望旅費能夠盡量壓低。你拿起手機，開始在旅行預約網站上查詢，馬上就發現一間好旅館——是源泉溫泉（譯註：指直接從溫泉源頭抽水到浴場，且用過湯泉會排出去，不再利用），料理看起來也很好吃，建築外觀美麗，價格又適中。評價五分滿分中得到四點四分，真是不錯！你一邊想著「要選哪間」一邊看評價，映入眼簾的近期評價是兩分，評論內容相當激烈，寫著：「只有照片漂亮的旅館！料理冷冰冰，溫泉也不冷不熱！」

你心裡覺得奇怪，明明整體的評價很高啊？再看看其他的網路評價，出現的全是用相似文體、相似讚詞所寫的五分網路評價。嗯～這個五分評價真的可以信任嗎……你感到不安，查看其他網站後，這間旅館的評價為四分。雖然評價比剛才的網站低，但是也不錯了，不過你依舊有點不安，無法做出選擇，這間還是算了吧。

之後你拚命查詢四個網站，就過了一小時。評價四以上的「源泉溫泉」旅館比想像中還多，有附早晚餐、只附早餐、只附晚餐等，方案不同，價格也有所差異，比較下來相當累人。房間大小不同價格也會改變，有魚很好吃的旅館，也有肉很美味的旅館。你想進一步知道詳細情況，又開始去看網路評價，時間一轉眼就過了。

後來，你發現之前查詢過已經客滿的溫泉旅館（網路評價高達四點七），在現在查詢的網站上有空房。網路評價感覺也沒什麼好懷疑的，價格又在預算內，房間裡甚至附設露天溫泉。由於網站上寫著「空房只剩一間！」讓你急著打算預約，就開始辦手續。房間的風格要西式還是日式好呢？料理的主餐要選肉還是魚呢？特別活動的二十六種浴衣要選哪一種樣式？移動方式要開車還是坐電車？抵達時間會是幾點？……明明是提前一個月預約旅館，反而必須選擇的事情很多。好不容易選完，輸入名字、地址、電話號碼、信用卡號碼，點下預約按鈕！結果畫面顯示：「非常抱歉，目前客滿。」

你的疲勞感一下子湧上來：「搞什麼啊！在辦手續的過程中被其他人預約走了嗎？」

結果，雖然懷有不安，你還是預約了最開始那間網路評價好像有點可疑的旅館。「應該沒有問題吧……」你如是想著，一周之後依舊放心不下，利用通勤時間再次查詢預約的旅館資料，居然出現了比自己預約時還要便宜三千日圓的相同房型方案！你驚訝地再度去看網站上的評價，映入眼簾的是兩天前最新的一則評語：「隔壁旅館改裝工程噪音很吵。」光是價格如此亂七八糟已經讓你感到不愉快了，再看到這則評價就決定取消預約。不過由於假期在即，你的工作開始繁忙起來，要再找旅館、選擇並預約實在太麻煩了，好不容易想來趟溫泉旅行的熱情衰退了，旅行計畫就這樣胎死腹中——

不只旅行，應該也有人曾經歷過這種「悲傷」的購物經驗吧。正因為自己查資料、比較、選擇後再購物已經很普遍，這樣的購物壓力與疲勞才會急速增加。

如同剛才所介紹的案例，消費者被大量的資訊所迷惑，對選擇商品感到迷惘，煩惱著想尋求聰明正確的購物方式。其結果便是，開始出現雖然想要卻「無法選擇」，因此「無法購買、不購買」的這種現象。對購物感到如此疲憊與壓力的狀況是一種危機。原因在於，即便理想的狀態不同，從高度經濟成長期到最近為止，購物至始至終都是一件快樂與幸福的事情。

首先，我想來回顧日本人的購物歷史。

## 回顧「購物的歷史」

### 一致購物時代（高度經濟成長期）

日本於一九四五年迎向戰爭終結，開啟了新時代的步伐。從此以後，圍繞消費者的購物環境開始劇烈改變。而促使這般改變的，是復興與接續而來的高度經濟成長。在國民普遍感受到社會逐漸變富足的時代，「跟大家買同樣方便的商品」就與生活的幸福息息相關。

「三種神器」與「3C」可說是其代表。三種神器意指一九五〇年後半爆炸性普遍的三種家電——「冰箱」、「洗衣機」、「黑白電視」。

我想可能也有讀者看過電影《ALWAYS幸福的三丁目》，在電影中，就有出現鎮上的汽車修理店「鈴木汽車」只是買了黑白電視就在小鎮上造成話題，以及鎮上的居民為了看職業摔角的轉播而齊聚一堂的狂熱場面。

接著，一九六〇年代，被稱為３Ｃ的生活必需品席捲而來。３Ｃ是取自「彩色電視（color television）」、「冷氣（cooler）」、「汽車（car）」的C而稱。在多數消費者變得富裕而晉升中產階級的過程中，嶄新的「生活必需品」登場了。

像這樣，隨著經濟富饒起來，刷新過去生活的必需品接連出現，消費者也追求這些商品的時代，可以稱為「**一致購物時代**」。人們從戰爭中被燒毀的廢墟中重新站起來，雖然沒有錢與物質，卻也隨著戰後復興逐漸變得富裕。媒體與各種口耳相傳會一再強調那是晉升「中產階級」生活的必需品，因此那是個以購買該商品為目標而工作，甚至貸款購買也會感到幸福的時代。藉由購入生活必需品即可獲得「啊，我變富有了」的感覺，大概可以說是購物與幸福的蜜月期時代吧。

這個時代的企業被要求的商品販賣方式，即是被稱為「生產導向」（product out）的行銷手法。如同字面意思，這是重視將「產品」「出貨」

到市場的時代。此時代最重視大量生產，且能實現過去曾為日本憧憬的美式富裕生活的產品，並以實惠的價格送到消費者手上。從收音機進化到黑白電視，再升級為彩色電視。從洗衣板到洗衣機，進一步變成有脫水機功能的雙層洗衣機。像這樣實現商品的進化，並思考要如何便宜地賣給消費者，就是企業被大眾所要求的。

　由於經濟發展與企業的努力，一口氣地擴大了這個時代家電的家庭普及率。一九七五年，洗衣機、冰箱、吸塵器、彩色電視普及率已達到百分之九十以上的家庭。才不過十五年前的一九六〇年，冰箱的普及率只有百分之十點一、吸塵器百分之七點七，彩色電視甚至不會出現在一般家庭之中，由此就能了解到普及的推行速度有多麼快速。[1]

## 憧憬購物時代（安定成長期——泡沫經濟時代）

高度經濟成長的時代以一九七三年開始的第一次石油衝擊為契機逐漸衰退，一九八〇年代來到了平均經濟成長率百分之四左右，人稱「安定成長期」的時代。這個時代，彩色電視與洗衣機、冰箱的家庭普及率幾乎是百分之百，人們對於與周遭的人購買相同的「必需品」感到有些不足，於是開始追求「與他人不同」的商品，甚至是領先他人一步的「憧憬性商品」。

一九八五年，已預測到這種時代趨勢的博報堂生活總合研究所發行了一本話題書《分眾的誕生》（暫譯）。書中提到，大眾並不像過去一樣渴望相同的商品，而是產生了追求與他人之間「差異化」的「分眾」，這將動搖市場。在經濟持續暢旺的背景下，人們開始出現「想持有與他人不同且領先他人的商品、憧憬的商品」這種需求。

接著，在安定成長期日後隨之而來的，是泡沫經濟（一九八六年十二月到一九九一年二月）這等前所未有的好景氣。

我在泡沫經濟全盛期時還是小學生，對泡沫經濟並沒有切身感受，不過據當時已經在工作的人所闡述，就能充分了解泡沫時期購物的情況。譬如其中一項便是「在六本木開德國製的高級車是理所當然的」。

現在六本木已是辦公大樓林立，但當時是流行的狄斯可舞廳相當興盛，為東京首屈一指的時尚夜生活場所。在這條與麻布、青山並列為憧憬生活發祥地的街道上，德國製的高級車彷彿理所當然似的奔馳著，簡直就像一條競爭誰領先他人一步的街道。據說當時男性開哪種汽車品牌，將決定他會受到什麼樣的女性青睞。是不是開著世人所憧憬的外國製高級車，也曾是女性擇偶的重要基準。

此外，當時的年輕人會「為了比誰都還早買到夢想中的設計師品牌服飾，每天都很節省，發售當天一大早就去排隊」。泡沫時代「設計師品牌」的服飾大為流行，山本耀司等著名設計師的才能開花結果，他們的品牌轉眼之間成為年輕人為之狂熱的標的。

泡沫經濟的時代，可以說更加速了安定成長期就顯現出來的慾望——「想持有與他人不同且領先他人的商品」。人們獲得了這些商品、風格之後，會因為可以向人誇耀而感到喜悅。象徵這種消費心理的服飾產業相當興盛，在一九八五年，百貨公司服裝類商品銷售額為三點九兆日圓，到了泡沫經濟時期的一九九一年，便急遽攀升至六點一兆日圓。[2]包含日本國產、進口，現在我們所知的各大時尚品牌都是在此時誕生的。

經歷了安定成長期，泡沫經濟時期可以說是「**憧憬購物時代**」，是個購物與幸福息息相關的時代。

此時的企業，開始被要求用「**營銷導向**」這種掌握消費者需求的行銷思考模式。相對於先前的「生產導向」，企業開始「進入」到「市場」，掌握市場裡的消費者需求，製作符合其需求的商品並販賣的思考方式。為了使生活更加方便的物品已被滿足，轉而追求「與他人不同」、「想盡可能領先他人之商品」的消費者，現在有什麼樣的消費需求呢？企業被期望去探索消費者想要如何「與他人不同」，並去開發、販售滿足這個「需求」的商品。因此，與目前存在於市場上的其他競爭公司之商品、服務有何不同，有哪裡領先他人變得非常重要。

就好比一九九〇年左右誕生的暢銷商品「洗潤雙效洗髮精」。此時正流行在早上淋浴，名為「晨浴」的生活風格。結合洗髮精與潤髮乳的洗潤雙效洗髮精呼應了即便在匆忙的早晨，也想要洗頭髮的晨浴需求。當時市場上已經有洗髮精與潤髮乳，在洗髮這個功能上，洗潤雙效洗髮精並沒什麼了不起的新意。然而，由於掌握了晨浴這個新的需求，開發出比過去商品更加簡便、適合的商品，才大為熱賣。

其他還有「無線電話」。在只有固定電話的時代中移除電線，無線電話以無論到哪裡都可以拿著聽筒的便利性為賣點。「用電話溝通」這個機能與過去的商品並沒有任何改變，但是掌握了消費者「不想在家人面前與朋友聊天」、「想躺著邊講電話」等需求的無線電話，確實虜獲了消費者的心，在九〇年代大賣。

捕捉各式各樣的消費者需求，即便機能在本質上相同，用法與形狀、設計差異化的商品相繼被開發並投入於市場中。而企業透過媒體與店家的介紹說明，盡可能讓消費者了解產品與其他公司有何種差異的方法依舊持續。

## 聰明購物時代（失去的二十年）

戰後長時間持續的經濟成長時代隨著一九九一年泡沫經濟崩壞後宣告終結，同年的實質GDP成長率從前一年的百分之六點二下滑至百分之二點三，甚至到了一九九三年，還迎來負百分之零點五這般大幅倒退的局勢。

日本突然進入了經濟活動停滯且看不見出口的蕭條。曾理所當然採用終身雇用制的日本企業開始進行「裁員」也是在這個時期，還削減獎金、減少薪水，更抑制任用社會新鮮人等等，一九九四年因而出現了「就業冰河期」這個詞彙。

在這個看不到未來的時代，消費者為了守護自己的生活，開始摸索要如何符合個人的能力節省度日，消費趨勢也呼應了這個潮流。從九〇年代後半開始於全國展店的百元商店獲得大規模成長，一九九八年，大型連鎖速食店——麥當勞打著「六十五日圓漢堡」的招牌進行低價競爭，造成巨大的話題。二〇〇一年，牛肉蓋飯的價格競爭激烈化，或許有很多人還記得，吉野家的中碗牛肉蓋飯曾經只要兩百八十日圓就可以吃到（二〇一八年十月為三百八十日圓）。便宜的價格蔚為話題，受到消費者好評，物價持續降低的「通貨緊縮時代」到來了。

消費者在講求符合能力與省錢之中開始會重視「CP值」，想著要如何得到便宜的好商品。

另一方面，即便是在這樣不安定、節省、縮減傾向的時代中，「IT」技術依舊蓬勃發展。以一九九五年windows95作業系統發售為開端，電腦與網路成為切身的存在。二〇〇〇年網路的個人普及率達到約四成，二〇〇三年急速普及到超過六成。

隨著網路的普及，在網路上發文講述購物的評價也變得平常化。在這個趨勢中最為重要的，就是出現「價格.com」這類「價格比較與商品評論網站」吧。當初是以電腦這類通訊設備為中心，收集家電量販店的售價資訊並登於網站上，提供使用者「現在在哪裡購買最划算？」「買了這個商品的人有什麼評價？」等資訊。讓消費者不必再像過去一樣自己拚命收集資訊，也能夠找出便宜的好商品。對重視性價比，想入手「便宜好商品」的消費者來說，沒有比這更開心的事情了。應該也有讀者還記得，在「價格.com」這類比價網站開始普及的二〇〇〇年前半，那種不用在廣大的秋葉原電器街徘徊，只要用電腦查詢即可一眼知道「在哪裡購買最划算」的感動吧。

那麼，接續過去的「一致購物」、「憧憬購物」，這個時代的購物主題是什麼呢？在看不見出口的經濟蕭條中尋求高CP值的優秀商品，用網路有效率地收集資料，入手「便宜好商品」的這種購物風格。真要說的話，就是「**聰明購物**」的時代。消費者對於自己收集資料，並從中選取可以接受之「便宜好商品」的購物感受到幸福、喜悅及樂趣。這種「聰明購物」的感覺，應該是多數閱讀本書的讀者會有所共鳴的。

而對這個時代的企業來說，重要的行銷思考模式為「AISAS」。這是二〇〇四年電通株式會社（總部位於東京，為全球最大的廣告代理公司）所提倡的模式。在消費者自行收集資料並判斷的時代，將消費者到購物為止的流程統整成：

A：Attention（注意商品）

I：Interest（產生興趣）

S：Search（搜尋）

A：Action（購買）

S：Share（在社群網站上共享評價）

這也可以說是「自己收集資訊並探討」的消費者購物模式。在變成網路時代之前，企業主要會透過媒體與店鋪闡述「與其他公司不同之處與新意」，以達成與競爭對手的差別化。但在這個時代，並非單單由企業「發布訊息」，讓消費者去查詢自家公司的資訊，使其「發現」情報的重要性也增加了。因此，企業除了過去的溝通方式以外，也開始致力於如何在搜尋引擎上競爭被顯示於前排的搜尋引擎優化對策、找知名的部落客撰寫關於自家公司產品與服務的評價對策，甚至不用廣告，而是在新聞或電視節目裡以資訊的形式傳達自家公司評價的公關對策。

## 回顧購物的時代變遷

| | | | | |
|---|---|---|---|---|
| 一九五〇年代中葉～七〇年代前半<br>**高度經濟成長期** | **一致購物** | ・三種神器<br>・3C<br>・大眾消費 | 為了晉升中產階級而網羅物品為課題 | 生產導向時代 |
| 七〇年代後半～九〇年代初期<br>**安定成長期—泡沫經濟時代** | **憧憬購物** | ・設計師品牌<br>・海外購物<br>・高級車風潮 | 如何與他人有所差別為課題 | 營銷導向時代 |
| 九〇年代前半～現在<br>**失去的二十年** | **聰明購物** | ・通貨緊縮方針<br>・重視性價比<br>・比較價格／商品評價網站 | 收集、比較情報並合理選擇為課題 | AISAS時代 |

結果，企業發布的資訊變多，與消費者自行發文的網路評論互相作用，資訊量便膨脹起來。

隨著企業與消費者所產生的資訊增加，想要進行再自然不過的「聰明購物」，卻因而造成「想選擇但選不出來」的現象出現。

## 慾望流失——「幸福選擇商品」的轉換期

我們已經概觀了從戰後到現在的「購物歷史」。高度經濟成長期的「一致購物」、安定成長期的「憧憬購物」、泡沫經濟崩解後失去的二十年之「聰明購物」。在變化的時代之中，購物風格各有其特徵性，並存在著不同形式「選擇商品」的幸福、喜悅及樂趣。然而現在，消費者甚至開始會對購物感到壓力，逐漸進入**「想要卻無法選擇」的購物時代**，就來看看這個時代的變化吧。

### 慾望流失的時代

從泡沫經濟崩壞後開始的「聰明購物」時代，至今已經超過二十年，正迎來智慧型手機普及、長時間連接網路的時代，購物與生活環境和過去大為改變。博報堂買物研究所（以下稱買物研）看準了二〇一五年為消費意識的分歧點，我以企劃領導人的身分，開始執行預測二〇二〇年購物行為變化的「購物預測」企劃。

首先，是在二〇一六年二月針對全日本二十多歲到六十多歲的兩千零六十三名男女，實施與購物意識相關的問卷調查。

目的是為了掌握因智慧型手機的普及導致資訊爆炸、商品增加、時時刻刻都能透過網路購物的環境，使消費者的購物意識產生何種變化。

其中，作為因資訊增加造成購物壓力的測試詢問，我們設計了以下的問題：

「回顧這半年來，在每天接觸到的各種資訊中，你是否有過即便『想要』某件商品，卻在不知不覺中忘了這件事情，或是失去『渴望』這種情緒的經驗呢？」

對於這個問題，有百分之七十五的消費者回答「有」。甚至，在回答

**Q. 回顧這半年來，在每天接觸到的各種資訊中，你是否有過即便『想要』某件商品，卻在不知不覺中忘了這件事情，或是失去『渴望』這種情緒的經驗呢？**

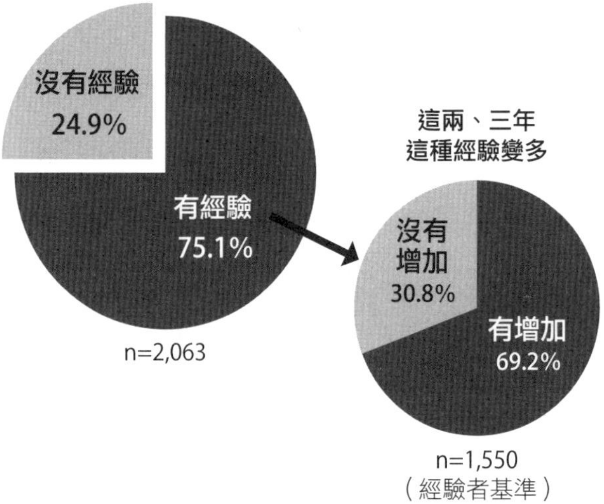


「有」的消費者中，認為「這兩、三年這種經驗變多了」的消費者達到約七成。

通常，想買東西的慾望是強而有力的。就像人們常說的衝動購物一樣，強烈「想要！」的情緒，會不斷煽動人們直到購買完畢為止。但「遺忘」慾望這種現象現正於消費者之中蔓延著，這兩、三年來該趨勢也逐漸變強。

這個結果，對關注消費

者購物已經十年以上的買物研來說是巨大的衝擊。

我們把這種「明明有購物慾，卻遺忘慾望的現象」命名為**「慾望流失」**，做更進一步的分析。結果，我們特別將約全消費者八成，也就是高達一千五百五十名「即使有購物慾卻遺忘的消費者（以下稱慾望流失經驗者）」，與五百一十名非經驗者比較之後，了解到慾望流失經驗者的購物意識特徵。

## 購物已經轉變為壓力

慾望流失經驗者最大的特徵，即是「購物壓力」的強度。

購物壓力可以分為「區分購物資訊的壓力」、「商品項目過多的壓力」這兩種。說到「區分購物資訊的壓力」，「很難從為了購物而收集的資訊之中辨別好商品」的意識，在慾望流失經驗者中上升至百分之六十一點三，大幅高於非經驗者的百分之四十五點四約十五個百分點。買物研對這些會因為購物資訊感到有壓力的受訪者，詢問了他們會在哪部分感受到壓力而失去慾望後，得到了以下的回答：

「有必須收集資料才行的壓力，開始查詢之後發現資訊過多，覺得很煩躁、很耗時間，所以最後不管變得怎樣都無所謂了。」（三十一歲．男性．東京）

本來用網路收集資訊變得很容易，得以「聰明購物」對消費者來說是件喜悅的事。然而，**現在大量的資訊正成為購物時的壓迫與壓力**。

至於「商品項目過多的壓力」又如何呢？「購物時商品太多而感到壓力」的意識在慾望流失經驗者中占了百分之四十四點三，非經驗者為百分之三十三點一，有超過十個百分比的差距。對大量商品感到壓力，因而失去慾望的消費者實際狀況大約如下：

「選擇商品太花時間，開始不知道自己是不是真的想要這樣東西。總之會先確認過資訊，但最終依舊會持保留態度，想說過幾天再確認是不是還有更好的東西，結果就變得不想要這個商品了。」（五十歲・女性・千葉縣）

明明是有「想要」的想法才開始購物，但看了很多商品之後，在比較的過程中就不曉得「自己真正想要的東西是什麼」。從這個心聲，不就可以赤裸裸看出大量的商品本身會造成迷惑，讓人遠離購物的實際情況嗎？

從高度經濟成長期到最近幾年，「商品選項很多」這件事對消費者來說應該是開心的才對。然而，**商品的選項過多本身早已成為購物的壓力**。結果，**「購物慾」無法連動到「購物」這個行為，導致「慾望流失」這個**

**現象出現在約八成的消費者身上**。

到底為何現今會發生這種現象呢?在下一章節中，我們就以這十年來所發生的社會環境、購物環境變化為基礎，從三個理由來思考為何購物會變成「不幸福」的原因吧。

※1　內閣府消費動向調查

※2　「關於百貨公司　服飾品販賣的低迷」(經濟產業省大臣官房調查統計集團經濟解析室)

# 第1部

## 【分析篇】

## 為何購物變得
## 不再幸福了呢？

# 第一章 購物變得不再幸福的三個理由

## 理由一 過多的資訊、假資訊

### 資訊流通量增加與智慧型手機的普及

究竟是什麼，改變了在「聰明購物」中找到幸福與樂趣的消費者呢？

其中最大的原因之一，就是「資訊量的增加」。持續增加的資訊，甚至成為了讓人失去想要購物之心情的壓力。我們就來詳細看看這個情況吧。

請看統整日本國內資訊通訊情況的總務省「資訊通信白書」。在個人網路普及率超過六成的二〇〇四年，日本國內的數據下載量僅僅只有二五

**從二〇一〇年代開始流通的資訊量大幅增加**

**日本國內的寬頻下載通信量變遷（Gbps）**

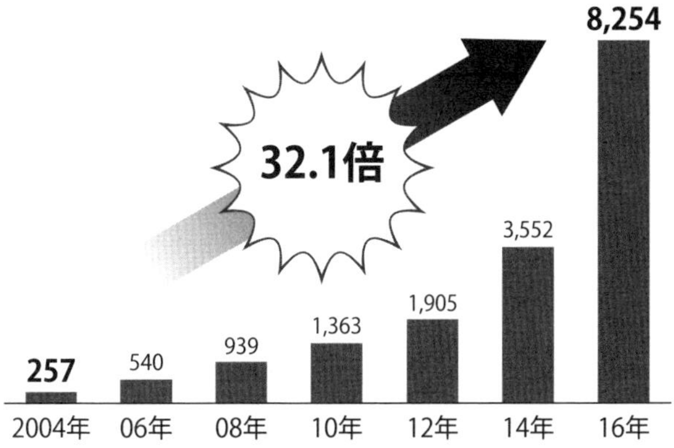


取自總務省「我國網路之通信量的總計與估算」

七Gbps。這是每一秒有二五七吉位元組（GB）的資訊被下載之意，也就是一秒就能下載約五張可以記錄兩小時左右電影之藍光光碟（五十GB）資訊量的時代。

而這個資訊量，一口氣增加了——十二年後的二〇一六年變成三十二點一倍的八二五四Gbps，僅一秒即可下載約一百六十片藍光光碟分量的資訊量。

再者，進入二〇一〇年代後，由於智慧型手機的急速普及，消費者開始每天長時間面對大量的資訊量。根據博報堂DY媒體夥伴傳媒環境研究所（以下稱傳媒環境研究所）為了了解媒體接觸實況與接觸意識，於每年實施的「媒體定點調查」，得知東京地區的人們在二〇一八年，與智慧型手機接觸的一天時間平均為一〇三點一分鐘。比二〇一二年的四十點四分鐘大幅增加了約二點五倍。

## 因社群網站產生的「口碑」變化

近年來接觸社會上所流通之資訊量、花費的時間呈現爆炸性增加。不過，值得注意的不只是資訊「量」而已，其「質」也正劇烈地改變。如果說網路，特別是寬頻網路的普及主導了「資訊量」的變化，那麼主導「資訊品質」變化的，可以說是於二〇一〇年代一口氣普及的社會性網路服務（以下稱社群網路）。

二〇〇八年四月，「推特」開始在日本服務。同年五月，「臉書」亦加入日本，「LINE」、「Instagram」（IG）更相繼在二〇一一年六月、二〇一四年二月於日本展開服務。

根據總務省資訊通信政策研究所的調查，二〇一六年日本人主要的社群網站使用率達到百分之七十一點二，相較於二〇一二年的百分之四十一點四，高出一點七倍。[1]

社群網站的普及與智慧型手機的滲透相輔相成，將「無論何時、何地都能輕鬆」發表自己的心情與意見化為可能。商品與服務的評論也不僅只於價格比較與商品評論網站，而是能夠藉由社群網站確認。

社群網站促使評論普及，資訊邁向「良莠不齊化」，對購物也開始帶來影響。其代表性案例，便是「祕密行銷問題」與「買評價疑慮」。

與購物相關的「祕密行銷」範例之一，即是人為操作評價。若某個商品販售方委託社群網站上的用戶，期望「能幫忙寫自家公司的商品正面評論」，用戶就會偽裝成與販賣方無關的第三人，在評價網站與社群網站上寫著「五星！這個商品真的太棒了，決定要回購！」等等。讀了留言的一般消費者，就有可能將這個其實是「宣傳」的評價認定為「能夠信任的評價」。

在購物網站上消費時，應該有很多人都會參考購買者的商品評價或是分數，然而其中可能混入了很多刻意被操弄的評價。你是否曾在網路購物的評論上看過好似用電腦翻譯，看起來有點不自然的「高評價」呢？這樣的評論，很可能是付錢給國外業者等，請對方寫下不正當高度評價。

買通評論排行榜亦是相同的手段。人們也懷疑，是否有業者為了提高排行，透過提供禮金或招待飲食等特殊待遇，請對外食或商品評論排行榜具有影響力的評論網站用戶寫高度評價，意圖操作排行榜。

像這樣**隨著資訊爆炸，可以信任的資訊與無法信任的資訊混雜在一起，產生「資訊的良莠不齊化」**。現在，我們已經不能直接憑藉網路上的好評或分數，進行「聰明購物」了。其結果便是，「不知道該相信哪個資訊購買才好」的迷惘、壓力變成心理上的阻礙，造成「雖然有購物的慾望，但選不出來＝無法購買」的狀況。

進入二〇一〇年代，圍繞著資訊的各種疑惑逐漸顯現之中，消費者本身也開始實際感受到這種情況。先前所提到的「媒體定點調查」在二〇一七年報告了驚人的調查結果。從二〇一六年到一七年這短短一年之內，認為「社會上的資訊量太多」的意識從百分之四十二點一大幅上升至百分之五十二。甚至，「網路情報不能全部盡信」的意識也從二〇一六年的百分之七十一點七，在二〇一七年大幅增加為百分之七十九。

通常，在對多數人每年重複問相同問題以探查意識變化的「定點調查」之中，針對同樣問題的特定答案比例，一年光變動百分之三就算是「意識大幅度改動」了。然而，「資訊太多」、「網路情報不能全部盡信」的這種意識在一年內就上升了將近百分之十。這個結果，如實表現出到了近年，消費者本身開始迅速地察覺到「被龐大且良莠不齊的資訊所包圍」。

## 理由二　滿溢的商品、新的購買方式

### 消費者接觸的大量商品

使消費者困擾的，可不只有資訊量過多而已。購物時若商品本身的數量很多，其商品的購買方式與購買場所也會變得千變萬化。

談到商品的數量，日本國內流通服飾（西服與服飾雜貨）的商品品項數量從一九九〇年到二〇一三年這段期間增加了兩倍，上升至四十億件。[2]

此外，根據日本電影製作者聯盟的發表，西方電影與日本電影相加的公開電影數量，也從一九九七年的六百一十一部增加為二〇一七年的一千一百八十七部，將近兩倍。[3]

再者，依據日本市場創造研究會的發表數據，在超級市場與藥妝店等販售的日用品領域中，從二〇〇八年八月到二〇一五年七月這七年來，約有一百一十九點七萬樣新商品發售。這意味著每天約有四百七十個新商品發售。4

那麼，消費者實際購物時，會接觸到多少商品呢？這也有真實的實驗數據。二〇一四年，買物研使用了捕捉人類視線會看哪裡的眼鏡型攝影機——「複眼式攝影機」在店鋪進行實驗，調查在便利商店購買飲品的人，到底有多少商品會進入視線。結果得知，在進入便利商店後到選完飲料，走向收銀台的這十幾秒時間，平均會有約八十個商品進入眼簾。

不僅是實體店面，現在只要使用智慧型手機，無論何時何地都能購物，消費者一旦查詢，即可看到通常在店面不會接觸到的各式商品。網路的世界能夠與不太有名、不好放在店鋪銷售的商品相遇，是個非常便利的購物場所。實體店鋪的賣場由於面積受限，假設無論如何都要陳列商品，也只能陳列會賣很好的商品。不過，如果是電子空間上的網路賣場，就不太容易受到這種限制，也就是說，連銷售額很少的商品也可以持續販售，因此出現了所謂的「長尾效應」。倘若從熱賣的商品依序排列製作成圖表，前段瘋狂熱賣的商品被稱為「頭」，圖表後半的「尾」會有許多銷售額低、但仍有小眾穩定需求的產品連續出現，因此這類商品稱為「the long tail」（長尾巴）。然而，**正因為會遇到如同長尾巴等眾多種類的商品，消費者才不得不在大量的商品前猶豫不決。**

在上一章我們指出，越是有購買慾卻將其遺忘的「慾望流失」經驗者，越容易「在購物時因為商品過多感到壓力」。視情況不同，「長尾巴」也有可能不會帶來幸福。

## 相繼出現的「嶄新購買方式」

持續增加的不只是商品種類。為了入手商品，「購買方式」也變得花樣百出。除了過去的實體店鋪、二〇〇〇年開始存在的舊式網購網站與拍賣網站，還有二〇一〇年代起出現各種因應智慧型手機的新購買方式。

作為智慧型手機時代誕生的新購物方式，最具代表性的就是「網路二手市場App」。這是可以透過智慧型手機的App，簡單執行像過去那種在假日的公園等地方所舉行的「二手市場」，也就是個人與個人間的商品交易。假設某人覺得家裡的某個東西「已經沒有必要了，要不要賣掉？」就用智慧手機拍攝拍賣品，在網路二手市場App上標示價格後上架。由於不到三分鐘就能夠上架，與過去的網路拍賣相比，上架算是相當輕鬆的。如果在App上有人想要這件商品，就與上架者用訊息聯繫，也可以進行議價等交涉。App上販賣的商品種類非常多樣，從衣服、鞋子、珠寶到玩具、書籍，甚至化妝品都有。有不少媽媽會在這裡買賣因為成長太快而馬上就穿不下的童裝，也基於這個原因，據說正是抓住了名牌童裝「在網路二手市場App上價格也不會掉太多」，因此會特意去購買高級童裝、方便未來轉賣的母親正逐漸增加。

就買方而言，那些原本定價令人難以下手的名牌精品，在這裡只要跟販賣者交涉就有可能便宜入手。對賣方來說，有可以把家中雜物換成現金的好處，因此使用者逐年增加。用戶數最多的 Mercari 在日本國內的下載次數，據二〇一八年七月的官方發表所說已經超過七千一百萬次。

再者，二〇一七年開始還出現了名為「直播購物」的全新購物風格——也就是在智慧型手機上直播影片，模式類似於「電視購物」。或許有不少人覺得電視購物感覺很久以前就有了，但這些在手機上直播購物的賣家，並非經驗豐富且充滿魅力的電視購物專家，而是被稱為「網紅」的人們。

所謂「網紅」，意指對世人的購賣意願造成強烈影響的人。譬如，若某位女性網紅在社群網站上告知：「今天晚上九點的直播會介紹我最喜歡的洋裝！」這個資訊就會通知給喜愛她的粉絲。到了約定的時間，網紅會使用自己家的電腦或智慧型手機的鏡頭開始直播影片，對觀看影片的粉絲講述商品的設計、材質或者自己認為這件商品哪裡可愛等等。

雖然在日本，直播購物的市場還處於成長階段，不過在比日本先行普及直播購物的中國，直播已經開始以一種購買途徑展現出存在感。

其中特別有名的，是張大奕這名原本是時尚模特兒的女性網紅。她成立了自己的時尚品牌，透過直播購物進行販售。其追蹤人數超過五百萬人，二〇一五年一年的銷售額為五十億日圓，在全中國造成話題。[56]

此外，近年來除了過去的電子商務網站（將自己公司的商品或服務在獨立營運的網站上進行販售）外，對實驗性質的商品或服務小額投資後入手其商品這種名為「群眾募資」的購買方式，也呈現大幅度成長。

或許有人會覺得把群眾募資當成一種「購物」有些奇怪。最一般的群眾募資，是在網路上從認同者手中募集資金，執行企劃或是舉辦大規模的市民、地方活動等，這稱之為「捐贈型群眾募資」。另一方面，「購買型群眾募資」是為了開發商品或服務才募集資金，出資者日後會收到商品或服務作為回饋，就這層意義上來說，很接近「購物」。

根據矢野經濟研究所的調查，二〇一六年日本國內的群眾募資市場規模為七百四十五億五千一百萬日圓，與前一年相比成長了約兩倍，預估今後會更進一步成長。[7]

二手市場、網紅、群眾募集……今後，隨著技術的變化，應該還會發明出各種新的購買方法吧。看著這一個個的變化，會覺得購物變得比過去更享受。不過，若用稍微長遠一點的角度來看，情況就不一樣了。在決定要購物時，映入消費者眼簾的商品越多，購入其商品的方法也變得很多樣化，那麼，**要判斷在哪裡且如何購買什麼才划算，就變得更加困難了。**

## 不知道該在哪裡購買才好

事實上，即便有購物慾卻將其遺忘的「慾望流失」經驗者有百分之四十八抱持著「不知道在哪裡購買才不吃虧，因而感到壓力」的意識，與非經驗者相比，感受的壓力高出十五個百分點。我們就來實際介紹「選不出該在哪裡購買，就失去興致去購買東西」之消費者的意見吧。

「網路購物網站增加，縱使是相同品牌，也有好幾個網站在販售。只是，每家平台的販售服務都不同，讓人很困惑。譬如說，A網購平台的運費要花超過八百日圓，B平台雖然免運費，卻無法貨到付款之類的……就算商品很划算，在選擇上也相當煩惱，時間一長，注意力就轉向其他想要的東西上了。」（四十歲．女性．宮城縣）

「在想著要買的時候，就會先對大量的資訊與購買方式感到迷惘。煩惱一陣後，想要盡可能便宜地購買，但是可能又會對賣方的評價感到不安。在到處躊躇的過程中，又冒出『可能還會發現其他新產品吧』的念頭，結

果就作罷。」（四十四歲・女性・埼玉縣）

眾多的購買方式、因平台而異的價格、選擇……由此可看出太過複雜的組合變成了壓力，在煩惱的過程中，結果就「選不出來」的消費者實際狀況。

## 理由三　無法在購物上付出勞力

### 因雙薪家庭而增加的職務

資訊增加、玉石混淆化、購物方式也增加。像這樣購物環境的複雜化，導致相較於過去，選擇變得更為辛苦。但是，複雜化的不單是購物環境而已，消費者本身「對購物花費的勞力＝選擇力」也正在減少。「消費者職責的增加」對於這個「選擇力」的減少帶來了大幅影響。

現在已經是多數女性也會工作的時代。在一九九七年，當專職主婦家庭的數量與雙薪家庭的數量反轉後，差距便持續拉大，二〇一七年，雙薪家庭為一百八十八萬、專職主婦家庭為六百四十一萬，如今，雙薪家庭成為多數派。[8]

事實上，十五歲到六十四歲的女性就業率也在上升，一九八六年才百分之五十三點一的就業率，到了二〇〇六年變為百分之五十八點八，二〇一六年變成百分之六十六。就業的女性持續增加，**結婚後有小孩的女性除了妻子與母親的職責外，還加上了「工作者」這個職責，成為女性在社會、家庭內多元活躍的時代**。[9]

在女性開始前進社會的過程中，男性對家庭生活的參與度也逐漸增加。根據總務省的社會生活基本調查，有未滿六歲孩童的家庭，其丈夫參與家事的時間（周平均）在二〇一六為一小時二十三分鐘，相較於二十年前，也就是一九九六年的三十八分鐘增加了兩倍以上。

在二〇一六年買物研針對妻子為二十五到三十四歲，且有未滿六歲孩童的家庭進行「丈夫定期會做的家事」調查，得知丈夫會以「倒垃圾／打掃浴室／飯後收拾」為中心，平均做四點八項家事。與家中妻子為四十五歲到五十四歲的丈夫負擔二點六項相比，會定期做的家事將近兩倍。

**男性也正在被要求確實扮演「丈夫／父親／工作者」這三個職責。**

## 即使上了年紀也會增加的職責

不只有年輕世代的家庭不斷增加這些「非做不可」的職責，高齡世代中也明顯有這種趨勢。

根據勞動力調查，在二〇一六年，六十五歲到六十九歲中有百分之四十四的人還在工作。這與二〇〇七年相比高出了超過七個百分點。此外，日本全國的工作人口中超過一成是六十五歲以上的人們。從二〇一三年四

## 身兼多職的衝擊，
## 促進了新好男人與奶爸出現

Q. 丈夫會定期做的家事

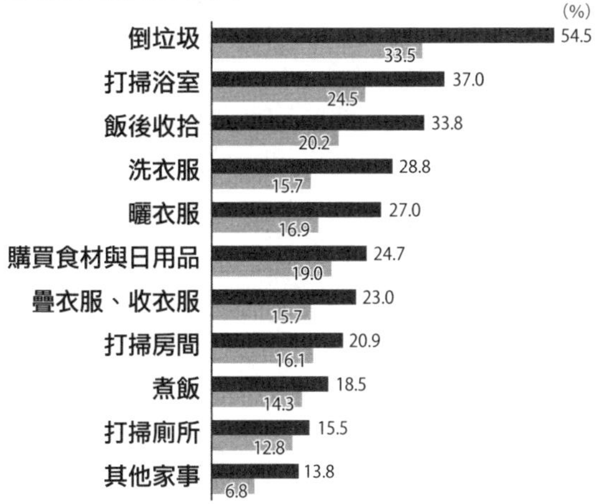


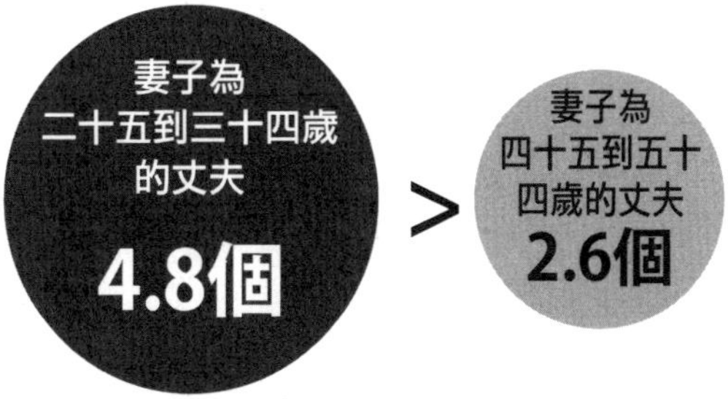


取自博報堂買物研究所「千禧家族生活實態調查 定量調查」

月起，日本施行「改正高年齡者雇用安定法」，企業有義務導入確保雇用員工到六十五歲的措施，今後，在年輕族群人口越發減少導致工作人力不足的情況下，還很健朗的銀髮族會逐漸被要求擔任工作人力的職務。

再者，銀髮族世代有很多都是孩子也在工作的家庭，經常要照顧孫子，實質上「帶孩子」的職責也正逐漸增加。**今後即便上了年紀，也必須扮演好「配偶／雙親／祖父母／工作人力」這四個職務的案例會越來越多吧。**

在這樣的變化之中，消費者本身也實際感受到「不得不做的事情很多」。事實上，根據二〇一七年買物研所進行的調查，發現「認為自己有很多必須要做之事」的人超過全日本的七成，消費者有著背負許多職責的實際感受。

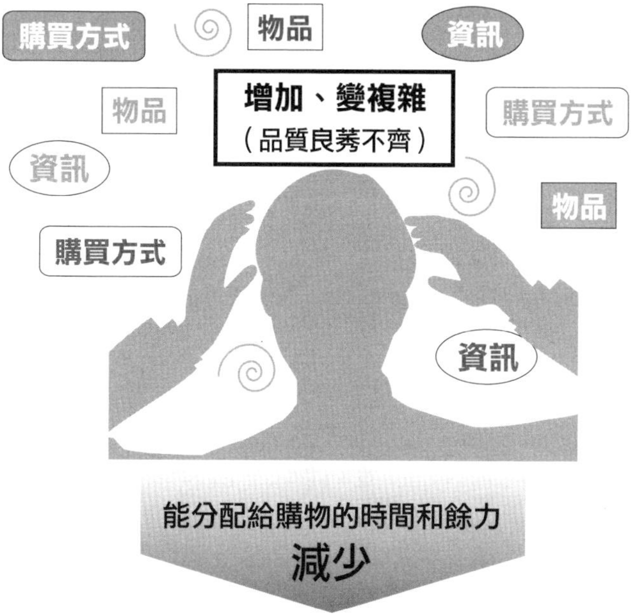


## 購物的重要性早已不高

因為大量背負「必須要做的事情」，到頭來「購物」的重要性會變得如何呢？我們在二〇一六年拜訪年齡為二十五到三十四歲之間，且肩負「帶小孩、工作、家事」這多項職責的家庭，並訪問丈夫或妻子，大多數人都異口同聲地這樣說道：「我們平常不重視購物，最好十五分鐘內就能迅速應付解決。

休假也不想以購物為目的，希望在家人快樂出遊時順便購買就好。」

對於職責變多的消費者而言，重要的是能夠幸福地完成職責。在那之中，「必須要做」的購物重要性並不高。對於這重要性不高的事物，人們究竟能夠分配生活中的時間或勞力到什麼程度呢？

※1 所謂的主流社交媒體，意指LINE、Facebook、推特、mixi、夢寶谷、GREE。《平成二十八年資訊通訊媒體使用時間與資訊行動相關調查報告書》（平成二十九年七月 總務省情報通信政策研究所）

※2 《第一回服裝產業供應鏈研究會報告書（參考資料）》（二〇一六年六月 經濟產業省製造產業局）

※3 《日本電影產業統計》（一般社團法人日本電影製作者聯盟）

※4 《第四分科會 透過大數據進行新商品與成功率研究》（福島常浩／越尾由紀／本宮貴代著）

※5〈Superstar Infl uencers: China's Internet Celebrities At Heart Of Alibaba's Growth〉

※6〈Wang Hong: China's online stars making real cash〉

※7《二〇一年七版 日本國內群眾募資市場動向》（矢野經濟研究所）

※8《專職主婦家庭與雙薪家庭 一九八〇年～二〇一七年》（勞動政策研究與研修機構）

※9《因應女性活躍推進法，邁向加速、擴大女性活躍之路——來自平成二十九年版男女共同參與白書——》（內閣府男女共同參與局）

# 第二章 無法選擇的購物悲劇

## 「購物疲勞」在腦中引發的事

### 洋子小姐的情況

購物之所以變得不再幸福，原因在於資訊、商品、購買方式不斷氾濫，消費者也越來越忙碌，「選擇力」降低造成「想選卻選不出來」的情況。理解了這樣的背景，那麼現在，他們又是用什麼樣的心情來面對購物呢？我們就來介紹某位生動呈現這個現象的女性訪談內容。

「明明非常喜歡衣服，卻不知為何變得無法再買。」

洋子小姐（假名．女性．二十五歲）為大學畢業後，兩年前從關西前往東京發展的社會新鮮人。家中沒有電視，是幾乎都用智慧手機接觸大部分資訊的當今世代年輕人。她ＩＧ用得很順手，也會每天用ＩＧ確認朋友的近況。

她說：「我們就像在呼吸一樣地使用ＩＧ喔！」這不只是代表頻繁看ＩＧ、發文而已。人類沒有呼吸就無法生存，而這句話也表示ＩＧ對年輕世代來講，就如同空氣般重要。

此外，在購物時，她會用ＩＧ查詢現在流行什麼，確認每天持續更新的資訊。可說是「智慧手機世代」的她，之後卻說道：「不過，總覺得最近並不幸福，連最喜歡的衣服都沒辦法買。」

學生時代，她非常喜歡時尚和穿搭。一邊用獎學金讀大學，一邊努力打工，用省下來的存款買自己最喜歡的衣服比任何事情都還要來得高興。據說她最喜愛的服飾品牌就是看中這份熱情，不管當時她還是學生，也把她挖角去當銷售員。

「我是業績挺好的銷售員喲（笑）。我不太會賣衣服，而是像朋友一樣聊天，也不知為何，這麼做衣服反而賣出去了。」

她回憶以前，得意地笑了起來。

沒想到大學畢業後，她成為行銷公司的正職員工，狀況就完全不同了。工作時間是早上九點到晚上八點，一周上班五天。由於被交代的工作內容與在店鋪賣衣服完全不同，她費了好一番工夫才習慣。在如此忙碌的生活中，她為了依靠與朋友在社群網站上的聯繫生存下去，必須特別去尋找會受歡迎的優美風景與物品，持續在ＩＧ上發文。

當然，由於她對自己講究的服裝抱有熱情，總是用智慧手機努力確認時尚新知。

有一天她突然想要一件夏天穿的「黑色連身裙」。但是，她實在沒有辦法在平日的非上班時間去店鋪選購，休假也想在家休息或與朋友外出。

因此，她每天會在通勤電車上，透過社群網站確認人氣模特兒的穿搭發文，或是時尚品牌發布的新商品資訊。此外，她也會在網路商店上用「黑色／連身洋裝」的關鍵字篩選資訊進行查詢。在查資料的過程中，她會將覺得「這個還不錯喔」的品項都先保存起來，打算等有時間時再來好好思考選擇。

實際上，在往來於公司這總計一小時的通勤時間裡網羅資訊後，就可以確認大量的情報。其中明明就有看到覺得「喔，這個好棒」的商品，卻沒有馬上決定，而是先保存下來。就這樣，她已經累積了超過一百件中意的黑色連身裙商品資訊。

接著，她終於打算要選擇買其中一件，回顧所收集的資訊後……她開始感到混亂。越調查越發現，即便同樣是黑色連身裙也會價格迥異，網路評價也不同。就算是同樣的商品，A網站上的評價明明是「五分中得四點五分」，在B網站卻只有評價「三分」的情況層出不窮。再者，上周覺得「這個很棒」而保存下來的某件連身裙，點進購物網站一看現在居然漲價了！她覺得很懊悔，也沒有想要買下來的心情了，這時她內心的混亂益發高漲。

「我對服飾很了解，也清楚最新流行，更有自己的品味，因此縱然有很多商品，我也認為可以選出最適合自己的衣服啊！」

然而，她越選越不知道什麼才是判斷的關鍵。考慮得正煩躁時，想穿黑色連身裙的夏季正逐漸接近。她心想著必須再好好地選擇才行，因而回顧保留下來的資訊，但是，在這段時間內社群網站上又陸續湧進了新的衣服資訊……此時，她的思慮已經完全無法統整了。

「結果，夏天就在我還沒仔細搞清楚狀況之下到來，我最後還是拿去年的連身裙出來穿。」

她好像很寂寞似的一邊笑著，並接著說道：「自那之後，我好像也搞不清楚購物的樂趣了。」

本以為時尚是自己最喜歡的興趣，也是能夠充實生活的方法，沒想到卻因為無法再順利選擇衣服，她對於自己的自信大幅下降，甚至曾是充實生活的服裝，跟過去相比也顯得興致缺缺了。

洋子小姐簡直就是「想選卻選不出來」的典型購物案例，她的腦中究竟發生了什麼事呢？我們可以一面參考腦科學及心理學的研究見解一面思考。

## 大腦為「大量消耗」的「節能模式」？

講到大腦的重量，男性為一千三百五十公克到一千五百公克，女性為一千兩百公克到一千兩百五十公克。說到體重的占比，僅有百分之二。儘管如此，人類一天所消耗的卡路里基礎代謝量有百分之二十為大腦所消耗。同樣的，一天消耗基礎代謝量百分之二十的「骨骼肌（為了使手或腳等動彈的肌肉）」體重占比約百分之三十。由此可知道大腦是相當「大食量」的。

而大腦的構造從原始時代到現在都沒有改變。在原始時代過著狩獵採集生活的人類並不是每天都能攝取足夠的卡路里。也就是說，能攝取的卡路里會根據那天獵物或果實的「收穫量」而劇烈改變。依照情況的不同，也會有完全無法進食的日子。人們會希望其中效率很差的器官——大腦使用更多能量嗎？

因此在艱難的狀況下，為了有效率地維持運作，我們的大腦也會變成「節能」的構造。據說大腦有八百六十億個腦神經，倘若要把資訊發送給所有的神經細胞，其指令所要使用的能量太多，並不足夠。故而，人類的大腦為了維持腦神經，會故意只使用全體百分之一到十六的神經細胞。[1]

美國醫生兼神經學者理查德．西托維奇（Richard E. Cytowic）先生甚至這樣說道：「因此，如果我們想同時處理好幾件事情，往往容易失敗導致做白工。我們的大腦光只是同時做兩件事情，能量就無法供給了。同時處理三件或是五件事更是非常勉強。」

龐大且瞬息萬變的評價、商品、價格、多樣化的購買方式……想在有限的時間內處理如此大量的資訊卻因而「選不出來」的洋子小姐，大腦可能已經達到了極限。

## 「選項越多，越自由、幸福」是錯誤的

大腦有極限的說法，心理學界也有提出報告。由此可知，「並非選項越增加，選擇的幸福就會因此增加」。

最有名的是二〇〇四年美國心理學者貝瑞・施瓦茨（Barry Schwartz）先生所提倡的現象——「選擇的悖論」。施瓦茨先生注意到投資信託公司提供的投資選項如果越多，出資者的人數就越少，也就是選項越多，越會導致無法下決定、無法出資的情況。

他率先提出的理由是「害怕想要從眾多選項中選出正確的選擇卻失

敗」。相較於兩個，選項增加到三個、五個，能選出「最好選項」的機率就變得越低。明明是想選擇最為正確的選項，卻發生選不出來的矛盾。

再者，由於選項過多會出現「選擇後感到後悔的情緒」，結果降低購物的滿意度。面對大量的選項，花了一番心力總算下了決定。但是，儘管做出了選擇，心情依舊不舒爽，對於自己所淘汰的其他眾多選項感到有點難以割捨。最終，消費者便陷入**「會不會選擇其他選項比較划算？」的思維中，之後煩惱起「這個選擇真的好嗎」、「會不會有其他最適當的選項」，購物本身的滿意度便降低了**。2

天普大學神經決策中心安格莉卡・迪摩卡（Angelika Dimoka）博士曾進行過一個實驗。為了證明大量的選項會使人難以下決策，她使用能夠調查腦內血液流向的機器——fMRI，打算掌握人類抉擇時的大腦活動。

在實驗之中，她執行了購買「機場起降班次」這個虛構的競標。參加者的設定是以航空公司負責人的身分參加，能夠購買單一商品的起降班次，也可以購買好幾種組合在一起的商品。起降班次的價格會依照天候條件與飛機的乘客數、最適合自己公司同仁的轉乘時間點等等不同條件而有所變動。各種條件會緊密結合，又名為「組合選項」。參加者被要求盡可能便宜地購入符合自己期望條件的起降班次。

譬如，你以航空公司負責人的身分從**上海經由東京**，由於是飛往紐約方向的班機，你必須盡可能便宜地購買羽田機場的起降班次。不過，白天的起降班次當然昂貴，越是深夜越便宜。你想說買便宜的深夜起降班次就好，沒想到會導致從上海前來的人們需求減少，難以聚集乘客。即使白天亦然，若為乘客三百人以下的飛機，可以用較便宜的價格購買起降班次，但這樣航空路線的盈利就會變差。此外，要是下雨了，也有打七折的起降班次。似乎配合凌晨一點發的起降班次一同購買，還會再打八折……可是，與凌晨一點的班次一起購買會有獲利嗎……？參與者必須像這樣添加各種條件，甚至是一面觀察對手航空公司的人員動向，透過競標相互競爭。也有可能在你用認為很便宜的起降班次競標後，結果比想像得還貴。

安格莉卡・迪摩卡博士在實驗的最高潮階段觀察參加者腦內的血流。她發現隨著與自己必須購買的機場起降班次相關情報增加，掌管人類決策的前額葉皮質活動越活絡，這可以視為大腦正在處理、判斷大量的資訊。然而，當情報量更進一步增加，超過某個程度後，腦部的活動量就突然降低了，得以看出參與者正在感受不安與不滿。[3]

## 果醬的實驗

再來介紹一件顯示出情報量太多，人就無法做出抉擇的實驗。這已經可以說是經典案例，為哥倫比亞大學的希娜・亞格爾（Sheena Lyengar）教授於一九九五年實施的「果醬實驗」。

她在超級市場中設置二十四種果醬的試吃區與六種果醬的試吃區，統計哪一區的靠櫃試吃率、購買率比較高。

在路過二十四種試吃區前的客人之中，有百分之六十的人會靠櫃試吃，大大超前靠櫃六種試吃區的百分之四十。然而，在實際購買率中，這個差距卻大幅逆轉。二十四種試吃區的購買率只有靠櫃客人數的百分之三，六種試吃區則是百分之三十的靠櫃客都會購買。

假設兩邊的試吃區都有一百名客人經過，那麼：

「二十四種果醬試吃區」靠櫃的客人有六十位，購買的只有兩位。

「六種果醬試吃區」靠櫃的客人四十位，購買的有十二位。

由此得知，論最終的購買者，選項少的一方會有六倍業績。這個結果讓人清楚了解到，**選項越多越會造成「不被選擇」**這種諷刺的情況。

## 即便商品優秀也「賣不出去」的時代

「為什麼明明有購物慾，卻選不出商品，遺忘購物慾呢？」我們已經透過購物的歷史、購物環境的變化、生活環境的變化，甚至是從心理學與腦科學的觀點來探討其背景。

有很多人因此近來會感到「啊，選東西好麻煩！」或是覺得自己也容易「遺忘掉渴望的事物」。然而，我特別想強調的是——「危機」。尤其是對以消費者為取向銷售商品、服務或內容的商業人士來說，這可謂不可忽視的「危機」。**「想要卻選不出來，無法購買」的消費者已經占了全體的八成。對於這些消費者，早就不適用過去的商業行為了**。

在以前東西賣不好的時代，企業很容易認為「是因為商品（或服務）的品質不好」。因此，會反覆「改善」，傾聽顧客的要求，成功「建立便宜且高品質的商品或服務」。

但現在這種「想選卻選不出來」的時代，情況已大不相同。無論如何反覆改善，磨練商品或服務，大聲呼籲「我們公司的商品很棒！」一旦被良莠不齊的大量資訊給吞噬，消費者就選擇不出來——無法抉擇，就賣不出去。面對環境比以前更加嚴峻的時代，想要以改善型行銷手法、商品策略或強調自家商品優秀之處的資訊交流早就行不通了。

資訊今後會持續增長，商品與購買方式亦會不斷增加。在日漸複雜化的購物環境中，為了讓消費者願意購買自家的商品與服務，企業正被要求執行與過去想法不同方向的行銷方式。

## 掌握當今時代的「購物」——全國購物實態調查

為了掌握「無法選擇的消費者」之購物實際情況。買物研於二〇一七年十二月以全日本二十歲到六十歲的一千名男女為對象，進行問卷調查。

這個調查是從生鮮食品、清涼飲品、洗髮精、化妝品等日用品到家電、資訊裝置、汽車等耐久財，甚至是金融商品、付費影視等不一定有明確形體的資本財，從這總共二十七種類商品的調查，來回溯於一定期間內有「買過」的消費者。我們針對消費者曾購買的商品提出「購買當下是用什麼樣的意識、態度購買的呢？」等問題，並進一步請消費者回答最近對於「購物整體」的感受，從「個別商品的購買意識」到「購物整體的意識」，了解廣大消費者對購買的態度。

## 分析結果一　開始有意識對購物制定「輕重緩急」的消費者

首先，關於第一點重大發現，我們注意到**消費者有意識地開始對購物建立輕重緩急**。關於對購物的意識及態度，認為「會蓄意去區分想費神購物以及想有效率購物」者為百分之七十一點八，高於七成。

由此可以發現，許多消費者會根據購物的商品類別去有意區分「想費

## 全國購物實態調查二〇一七

**請告訴我們你平常自己在選擇商品與服務時的想法與心情。**

**我們向一千名消費者詢問對於二十七種商品的購物行動與購物意識。此外，也調查了消費者的資訊意識與未來使用購物服務的意向。**

- ■**調查地區**：全日本
- ■**調查時期**：於二〇一七年十二月二十二日～二十四日實施
- ■**調查方法**：網路調查
- ■**調查對象**：二十～六十九歲的男女一千人（以十歲為一組分配年齡）
- ■**調查機關**：MRS 廣告調查股份有限公司

神好好選擇並購買」與「想要有效率地使用體力，盡早結束購買」的實際狀況。

此外，還有應該關注的事。越是強烈地將購物分為「想費神好好選擇並購買」與「想要有效率地購買」這兩極的人，越會強烈感受到「周遭資訊太多」這種資訊過量感、「周遭商品太多」這種飽和感，甚至是「有很多自己必須要做的事情」這種身兼多職感。

**過半數的商品走向**
**「選擇很麻煩，想委託給他人」的購物**

| 想委託、麻煩的購物<br>十五種商品 | 想自己選擇的購物<br>十二種商品 |
|---|---|
| 生活家電<br>娛樂家電<br>資訊裝置<br>付費手機 App<br>金融商品<br>教育、學習教材<br>旅行、交通<br>付費影視<br>時尚類別的定額服務<br>外食<br>醫療用品、營養食品<br>清潔劑<br>身體與頭髮保養品<br>化妝品<br>加工食品 | 生鮮食品<br>零食、點心<br>酒精飲料<br>調味料<br>清涼飲品<br>口腔護理用品<br>家具、雜貨<br>時尚<br>書籍、音樂、動畫<br>電影、直播、運動比賽直播<br>汽車<br>住宅 |

## 分析結果二　過半數的商品走向「選擇很麻煩，想託付給他人選」的消費

那麼，消費者在為購物制定「輕重緩急」的過程中，具體上是「如何」建立輕重緩急的呢？我們從這次對消費者詢問購買這二十七種商品的「意識與態度」中，試著分析各個商品「是如何被考量才購買的」。

首先，關於這次詢問的

二十七種商品，消費者會「費神（＝想要自己進行選擇的商品）」？還是「不會費神（＝覺得選擇很麻煩，想要請託他人選擇的商品）」？透過這兩種方向，來分析商品適用於哪一邊。

這樣一來，我們就會發現**二十七種商品中，有超過半數的十五種商品屬於「覺得選擇很麻煩，想要請託某人選擇」**。

「覺得選擇很麻煩，想要請託某人選擇」這種意識特別強烈的有「付費手機App」，接著是冰箱、洗衣機等「生活家電」、「股票信託」等「金融商品」、智慧手機與電腦這類的「資訊裝置」，甚至「化妝品」等也會被認為是「覺得選擇很麻煩，想要請託某人選擇」。這些商品本身都屬於資訊或評價很多的高性能商品，或許可說是**容易使人感受到「資訊壓力」的商品群**。

這種「覺得選擇很麻煩，想要委託給他人」的意識不只是深層心理，具體上也會對選擇商品時造成影響。

若以這個結果為基礎而實際關注社會，會發現企業早已為了應對「選不出來」、「想要拜託別人選擇」這種意識而進行嘗試。在下個小節，我們就來介紹「不選擇」、「想委託他人」的實際購物情況。

## 日益嚴重的「不選擇」消費

消費者會因為購物的選項太多而「選不出來」，乾脆就去除選擇的麻煩與壓力。為了應對消費者的變化，坊間已經產生了這樣的想法——並非「選擇就是幸福」，而是打算實踐「不選擇才是幸福」。這個「不選擇才是幸福」的想法，又會引導出什麼樣的理想購物型態呢？

### 在網路上促進衝動消費

在美國，每年都會舉辦「購物成交路徑博覽會」（Path to Purchase EXPO）。

就如其名，全美國的零售業或行銷公司會以到「購買」為止前的購物行銷市場學為主題，並討論未來銷售商品的方法。在二〇一七年所舉辦的博覽會座談會中，出現了「無法選擇消費」時代才會有的議題。

那是關於「數位化時代的衝動消費」。企業討論在網路購物上「要如何順利促使消費者衝動消費」。若還是像過去一樣採用「先讓消費者認識商品，記住商品，然後願意來實體店，願意比較……」的傳統步驟，在這個大量資訊的時代是不會被購買的。現在早已是無論何時何地都能用智慧型手機購物的時代，瞬間提高「想要！」的情感，讓消費者不做多餘考慮，立刻購買的意願非常重要。

正因為處於資訊與商品過多的網路上，「衝動消費」才顯得重要。這點有點諷刺。網路能促成長尾效應，加上商品數量眾多，原本可以藉此比較各式各樣的資訊、商品，明明應該是「聰明購物」的入口才對，現在卻變成如何提高「衝動」才是重要課題。[4]

事實上，我已經觀察到像這種網路購物的「衝動購物」機制中早已出現耐人尋味的商品。

前些日子我看到了一個網路的橫幅廣告，內容是整體都用木頭製作而成的手錶，因而產生了興趣。此為國外廠商做的商品，只要點擊那個橫幅廣告進入商品頁面，畫面上方就會突然出現輪盤。看來，旋轉這個輪盤就可以得到商品折扣券的樣子，輪盤之中從「九折」、「五折」到很遺憾的「無折扣」都有。我抱著些許興奮的心情轉了輪盤，轉啊轉的，輪盤實際轉了幾圈後，漂亮地中了「七折」的折扣券——明明本來只是對「木頭做的手錶是什麼東西」有興趣而已，獲得折扣券後想購買的情緒就一口氣上升了！

像這樣，不只單純讓消費者對商品有興趣而已，賣方也為了讓消費者在「當時、當場」就願意購買而想出各種提高衝動的方法。

當然，即便不是像這樣精巧的計畫，近年來網路購物網站實施「限時特價」或期間限定的大特價、發行期間限定的折購券等也開始變得常態化。

對於單純想選東西卻選不出來的消費者，運用各種智慧讓其願意購買「衝動強烈的商品」，這種做法作為資訊爆炸時代的購物入口是非常有效的。

## 不決定消費、試用消費

再者，讓消費者對「決定購買」這個選擇不會感到壓力的方法也已經出現了，那就是「試用後再決定要不要買」的風格。

過去化妝品或保養品等領域曾出現過提供試用品後再購買的方法，而這種試用已經可以看出將會擴大到家電等高價商品的現象。近年來，要價十萬日圓的高性能電鍋和掃地機器人不斷地熱賣，美容家電等也正在升級。家電高性能化，用途變得更多元，光看目錄或網頁來判斷性能並決定是否要「購買」是很困難的。

於是就出現了「試用」服務。家電量販店與ＩＴ投顧企業相繼開始這樣的服務，照相機、高性能電鍋、掃地機器人特別受歡迎。二〇一七年，松下電器在銀座開了一間能夠體驗、試用高級美容器材與吹風機等商品的「松下美體沙龍」。

這也可以說是利用「總之先試用看看」的心理，來軟化決定是否購買高額商品時的壓力，以降低購買難度的手法。

## 開始風行的「請託購物」模式

此外，甚至還出現了以「不用自己選擇也沒關係」為賣點的購物風格，這現象在時尚、服裝領域尤其顯著。

譬如，在日本推廣所謂時尚定額租賃服務的先驅性服務——「空氣壁櫥」（airCloset）公司。最便宜的是一個月方案，每個月只要六千八百日圓（不含稅，運費另計，此為二〇一八年七月的情況）就可以借三件衣服，還能幫忙送到家裡。聽起來你可能會覺得「只不過是租借衣服而已」，但這些衣服是根據註冊會員事前所填寫的穿搭喜好與穿著服裝的目的，交由專業的造型師所挑選出來的。

服裝看不順眼當然可以更換。如此一來，造型師也會知道「這件衣服不符合顧客喜好」。在反覆交涉的過程中，專業造型師就能正確掌握用戶的愛好，得以寄送更合適的服裝。

像這種能夠委託時尚搭配的服務陸續成立，二〇一八年已有近十間公司。我們先前介紹過洋子小姐由於情報量過多而無法選擇衣服的案例，或許正因為是資訊量與商品量都大幅超載的時尚與服裝領域，才會出現這種先驅性的服務。

## 持續進化的個人化技術

善用人工智慧（AI）提出更符合顧客的商品，這種更高層次的「委託」嘗試也正在進行中。其中之一，便是個人化技術。應該有很多人曾在網路上購物或看影片時，注意到頁面上會出現「推薦給你」的商品或是影音，這些網站或手機軟體會從你過去所購買的商品經歷或曾欣賞過的影片中，透過電腦分析與你有著相似喜好的其他人喜歡什麼樣的商品，再顯示推薦給你。這樣的個人化技術日後還會持續進化。

例如，在化妝品的領域中，早已推出名為「revieve」的系統，僅用相機拍攝臉部，就可以分析、推薦適合使用者的化妝品。系統會瞬間診斷人的臉型、眼睛與鼻子的位置、膚色、甚至皮膚狀態等，並配合那個人的化妝目的與喜好，從龐大的數據中分析推薦一些化妝品。而且不只是提出商品的建議，甚至連使用該化妝品實際會變成什麼樣貌，都可以在智慧型手機上模擬重現自己臉部上妝後的樣子。只需要用智慧手機拍攝自己的臉，使用者即可體驗適合自己的妝容。[5]

據說實際導入這個系統的企業，其購買轉換率（針對集客數的購買商品機率）提升了一點五倍的業績，這或許可以說是「委託購物」的極致吧。

## 變成「完全不選擇」真的好嗎？

從調查結果，甚至是近年來的購物潮流分析來看，為了迴避選擇所伴隨的壓力，消費者會有「放棄選擇」、「想委託他人」的傾向。在資訊、商品、購買方式不斷滿溢，能分配給購物的時間和餘裕都減少的時代，消費者會希望既不要讓大腦疲憊，卻又能同時提升購物的滿足度，這也是可以理解的。

那麼，今後所有的企業只要掌握「不選擇／委託他人」的潮流，僅以實現消費者這種不選擇的幸福的行銷方式為目標就可以了嗎？我認為這是非常冒險的判斷。

企業本身如果完全以這個潮流為指標，就意味著可能要捨棄消費者對商品與品牌的「留戀」。在放棄選擇，一切都「委託他人」的購物風潮中，對消費者而言，重要的是能夠靠「現在就想要的心情」去衝動消費的「實惠價格」，以及有眼光的人或ＡＩ所選擇的商品「好像適合自己」這種非主體性的判斷。

為了減少購物時的判斷壓力，這種想法是正確的。然而，**倘若所有的購物都順應這般潮流並徹底執行，對消費者來說，購物就會變成「無論什麼商品和品牌都可以，只要看起來適合自己就好」**這等不會留戀於當場選擇的存在。

如此一來，企業累積的品牌、信任度也就日漸式微。企業會為了能夠當場被選擇而胡亂降低價格，或是只能開發仰賴ＡＩ技術的商品，讓

ＡＩ從龐大的商品中選出「似乎適合消費者個人的商品」。企業必須從消費者大量的商品購物經歷，以及讀取消費者興趣、嗜好的ＡＩ技術容易推薦給消費者且銷路好的商品來反推，藉以開發商品。

當然，即便不是ＡＩ技術，現在企業也早就透過便利商店的銷售數據逆向推算，進行商品開發。像這樣開發符合市場的商品，對企業來說是必要的。然而，在「不選擇消費」所掌控的世界中，如果只用「容易被ＡＩ技術所選擇」的視角來開發商品，難道不會失去開發出超越現有累積數據與分析之革命性商品的可能性，或是企業的獨創性嗎？

而更嚴峻的是，能夠在這樣「不選擇購物」世界中生存的企業，或許並沒有那麼多。正如同人們說數據是二十一世紀的「資源」一般，為了得到且活用數據，需要高額的投資。要想實現不選擇購物，就必須精細管理要讓ＡＩ技術分析的龐大數據。如此一來，能在這個世界上生存下來的，很可能只有那些得以投資消費者大數據系統的少數企業。到頭來，選擇走這條路對企業而言真的是好事嗎？

此外，以消費者的角度看來，消費者是否期望所有的購物都是「不選擇／請託他人選擇」呢？對消費者而言，就算不用選擇也會有人提供無數自己喜愛的商品——這樣的世界雖然沒有壓力，但是帶有「我好喜歡這個！」這種意外性的發現與悸動就會減少。擱置自己的判斷，開心接受ＡＩ分析後所給予的商品，這種狀況是消費者真心所期望的嗎？

在抱持這等疑問進行研究的過程中，我與某篇論文相遇了。那篇論文中，寫著人類「自由選擇」的重要性。

## 即使如此，人們還是想選擇

### 人類在根本上是喜好「自由選擇」的

我們的團隊之所以會認為市場行銷的未來就處於「自由選擇」之中，

正是因為以下的論文。

論文的標題是〈「自由選擇」相關實驗心理學研究〉。[6]

作者關西學院大學的堀麻佑子女士在論文中闡述：「本研究的目的，是針對有無選擇機會對行動與認知所帶來的影響進行實驗性探討，並從各研究中所得出的見解來考察『為何人們會喜愛選擇的自由』。」

堀女士以他人的先行研究為基礎，進行人類到底會偏好「只有一個選項＝強制選擇」還是「有複數選項＝自由選擇」的實驗。

實驗內容是由十八名受試者翻開卡片，並根據結果獲得報酬（能夠兌換金錢的分數），受試者必須在以下三個條件中分別選出是「強制選擇」還是「自由選擇」比較好。

①「強制選擇」皆為十分。「自由選擇」一張十分，**另一張十五分**。

②「強制選擇」皆為十分。「自由選擇」一張十分，另一張也是十分。

③「強制選擇」皆為十分。「自由選擇」一張十分，另一張五分。

結果，條件①為全員十八人，條件②為十八名中有十三名，條件③為十八名中有十四名對各個自由選擇的場面表示出偏好。

有趣的是，在先行研究中，像條件③這種「自由選擇」比「強制選擇」損失還要大的情況下受試者沒有針對自由選擇的情況展現出偏好，但在堀女士的實驗裡卻有過半數者選擇「自由選擇」。

再者，論文中還進行另外一個實驗，看受試者會偏好「有兩張卡片卻不能選擇（其中一張卡片電腦自動選擇）的情況」還是「可以選擇兩張卡片的情況」。

實驗的詳細順序在這裡暫且略過不提，從結果得知，消費者還是喜歡「可以選擇的情況」。換言之，就算有選項，如果不是照著自己的意思選，人們就不喜歡。

這看似是理所當然的結果，不過就某種意義上來說，這個簡單的實驗結果卻教了我們最根本的事情。

**果然，人類是會在「能夠自由選擇一事」上找出價值的生物。**

回想起來，在至今為止的歷史中，人類也持續追求著「能夠自由選擇」，代表案例就是「選舉」。在長期王權與獨裁持續的中古世紀以前，人們沒有選擇領導者的自由。然而，當市民豐衣足食後，人們開始要求「選擇指導者」的權利。而為了這個權利，有時人們會願意賭上性命與權力對決，才獲得「選擇的權利」。這個趨勢因二〇一〇年中東諸國相繼推翻獨裁政權後的「阿拉伯之春」而顯著化，現在也依舊持續著。

換句話說，這個「自由選擇」的意志，正是形成我們當今自由社會的根基。

## 消費者們自己產生的「嶄新購物」

因為可選擇的數量早已超越人類的極限，就算想選也選不出來的狀況正在消費者的眼前蔓延。然而，**消費者在根本上卻有著「自由選擇」的慾望。為了滿足這個慾望，消費者本身是否正設法克服龐大的資訊、商品以及多樣化的購買方式呢？**在下一章，我們就來看從這個假設中所分析、發現到的消費者嶄新購物行動吧。

※1 〈「人類只使用百分之十的腦」是騙人的！神經學者闡述腦熱潮的迷信〉（logmi／二〇一五年七月九日）（https://logmi.jp/69779）

※2 〈「人越自由，越不幸福」產生選擇悖論的四個原因〉（logmi／二〇一四年十月二十九日）（https://logmi.jp/business/articles/26437）

※3 〈The Science of Making Decisions〉（Newsweek／Sharon Begley／二〇一一年二月二十七日）

（https://www.newsweek.com/science-making-decisions-68627）

※4　座談會的舉辦概要詳情請見以下網址（https://p2pi.org/ecommsymposium）

※5　「revieve」官方網站（https://www.revieve.com/）

※6　〈「選擇自由」相關實驗心理學研究〉（堀麻佑子／二〇一四年三月）（http://hdl.handle.net/10236/12615）

# 第三章 新興起的新型態購物「框架攻略法」

## 所謂「挑選很麻煩」的真面目

在「挑選很麻煩，想要讓別人幫忙選」的想法越趨強烈的現今，人們購物時對於所要買的東西是怎麼想的？在資訊爆炸、過於多樣的商品以及購買方式下，能夠明顯看出人們對於購物出現疲勞的狀況，另一方面，也可以得知人們還是會想要遵循本能進行「自由選擇」的購物方式。

在第二章，我們已經介紹過消費者進行選購時的購物意識、行動之購物現場調查，從生鮮食品、清涼飲品到家電、資訊裝置，甚至還有金融商品等二十七種商品。本章節會針對第二章提出的結果，做出更進一步的分析。分析的出發點並非「想自己做選擇」還是「想讓別人幫忙選擇」，而是針對商品購入時「對購入商品的興趣程度高低」進行分析。這樣一來，我們便得以清楚看出消費者「對什麼商品是有興趣的」，以及「對什麼類型的產品是想自由選擇的」。

## 發現新潮流！「雖然有興趣卻不做選擇」

首先，我們想要介紹的是下頁圖表——針對商品的「興趣高低程度」來分類二十七種商品。耐人尋味的是，消費者並非對購物完全「失去興趣且毫不關心」。圖表中的縱軸表示人們對於該商品的「興趣以及關心程度」，只要該商品在圖表的位置越上方，消費者對該商品有興趣及關心的程度越高。從結果上來看，在全部的二十七種商品中，有過半數的十六種商品是屬於圖表中位置較為上方的「有興趣且很關心」類型。接下來取一個橫軸，標示「想要自己進行選擇的商品——或是覺得選擇很麻煩，想要讓別人幫忙選擇的商品」，用這兩個比較軸組合在一起，將二十七種商品進行分類。

二十七種商品分別配置到上下左右的四個區域內。

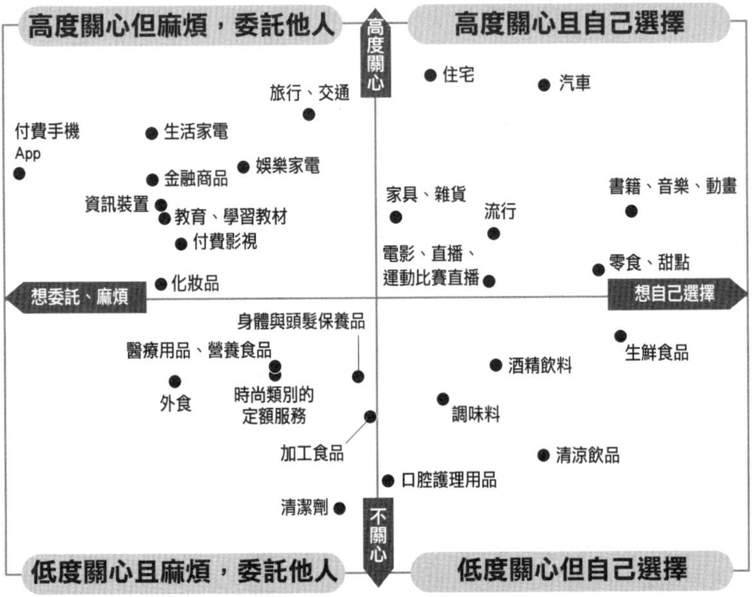


這張圖表是用兩個軸向來分類二十七種商品的俯瞰地圖。接下來，我們會針對地圖中四個不同的區域進行說明。

右上的區域：「對商品的關心程度高，而且也想要自己選擇」的想法較強（以下簡稱「高度關心且自己選擇」）

右下的區域：「對商品的關心程度雖然低，但是仍想要自己選擇」的想法較強（以下簡稱「低度關心但自己選擇」）

左下的區域：「對商品的關心程度低，而且也覺得選擇很麻煩，想委託給別人幫忙」的想法較強（以下簡稱「低度關心且麻煩，委託他人」）

左上的區域：「對商品的關心程度雖然高，但是選擇很麻煩，想委託給別人幫忙」的想法較強（以下簡稱「高度關心但麻煩，委託他人」）

透過分析來觀察被分配在上下左右四區的共二十七種商品類別，即可清楚了解到現在消費者是怎麼選擇這些商品的。首先，就來看看各區域的購物特徵以及近年來的交易趨勢吧。

## 右上的區域：高度關心且自己選擇

這區域的分類涵蓋住宅、汽車、家具／雜貨、流行、書籍／音樂／動畫、零食／甜點、電影／直播／運動比賽直播。這個區域的共同購物意識型態趨向於「人們在購買商品及相關服務時是樂意且開心的」、「買商品的場所設計是讓人們所喜歡的」。在這個區域裡面，我們先來看看住宅以及汽車等高單價的商品。這些商品不只價格高昂，又與生活密切相關，會被分類在這個區域也是理所當然的。另一個值得注意的點是這區域的商品有許多具備高度賞玩性質。

用這個區域裡面的雜貨類別來打個比方，近些年來除了之前就有的日本百元商店以外，還出現了所有商品均一價三百日圓的超人氣「3COINS」商店。其他更有像是三省堂書店旗下的手工雜貨品牌「神保町 ichinoichi」擴大店鋪數量，服裝品牌「koe」針對生活型態提案而販賣雜貨等跨類別販

## 高度關心且自己選擇

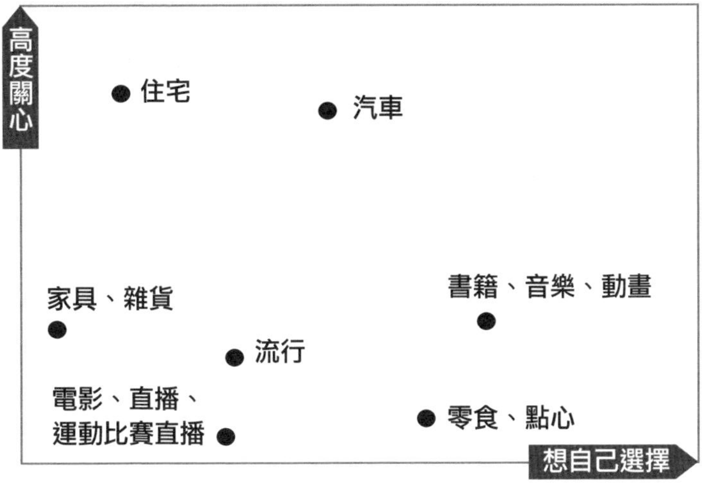


售的情況也有所增加，所謂有挑選樂趣的店鋪多了不少。

這些店鋪大多分布於車站總站附近或總站站內，提供學生或者社會人士通勤經過時，可以輕鬆進去店裡挑選商品的樂趣。

另外，食品類唯一有在這個區域裡面的零食／甜點則是出現了以能在社群網路上形成話題為目標的商品，「快樂選擇」的範圍也變得更廣。特別是對年輕世代來說，能在社群

## 低度關心但自己選擇

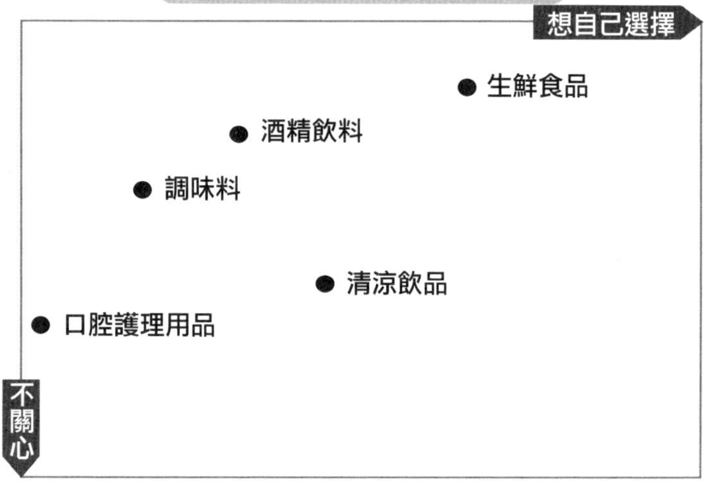


網站上「博得高讚數」且視覺上琳琅繽紛的甜點可說是非常有人氣。譬如在東京的原宿地區販賣的「鮮豔色彩燈泡汽水」，以及Totti Candy Factory販售的「粉紅或藍色超大棉花糖」都炒得火熱。其他販賣各式各樣有獨特個性甜點的店家也持續增加中。

這也可以說是**「自己觀看大量商品做選擇並不會辛苦，而是開心」的購物領域。**

## 右下的區域：低度關心但自己選擇

此購物區域包含的商品有生鮮食品、酒精飲料、調味料、清涼飲料、口腔護理用品，特徵在於大多屬於市場等處會販賣的日常用品。此區域的共通購物意識型態趨向於「只要品質有一定程度，哪個商品都可以」、「能夠輕易憑直覺做選擇」、「選擇起來不太不費力」。

以販售這類商品的店鋪來說，近年來最代表性的應該是「道之驛」了吧。當你開車出門時，可以輕鬆地停在賣場腹地的停車場進去逛，享受當地的飲料及食品等，因而非常受歡迎，以二〇一八年四月的情況來看，日本全國總共有一千一百四十五座道之驛賣場。我相信其中有不少讀者也曾去過道之驛，或許沒有什麼特別的目的，只是因為開車途中休息上個廁所，順便逛了一下，最後開心地買了當地的產品回家。

以這個角度來看，此區域的購物意識型態特徵為，**雖然對每個商品的**

**關心度並不是很高，但選擇起來也不是很困難，所以「會去選擇」。**也就是說，由於沒有什麼特別強烈的堅持，反而才能憑著直覺，享受當場與商品接觸的購物樂趣。

## 左下的區域：低度關心且麻煩，委託他人

此區域的商品包含醫療用品／營養品、身體與頭髮保養品、加工食品、時尚類別的定額服務、外食、清潔劑這六種商品。這些商品的共通購物意識趨向於「購買商品及服務時，不想花費太多時間」、「經常會選擇購買周遭熟識該項商品者推薦的商品」、「只要品質有一定程度，哪個商品都可以」。這區域的商品大多是日常所需用品，有一定程度的實用度和品質，即可滿足購買人的需求。日本的一般消費品市場已經相當成熟，達到基本品質且實用的商品種類繁多，並不需要花太多心思就可以選擇，所以關心

## 低度關心且麻煩，委託他人

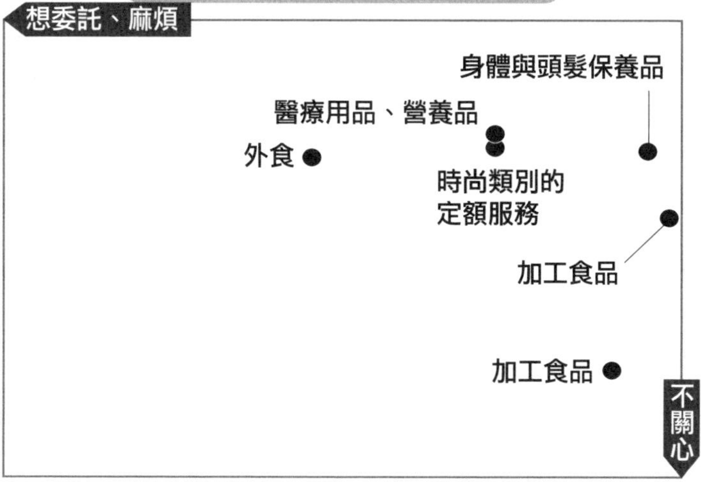


程度較低。然而，由於像是外食食品、醫療用品／營養品、加工食品、身體與頭髮保養品等這種會直接攝取、身體接觸的商品種類也不少，人們並不會想做出太錯誤的選擇。為此，才會有這種心態在作祟——雖然不會過度仔細斟酌，但希望有人能夠推薦不會太糟糕且正確的商品。

也許你會感到意外，為什麼代表娛樂性的「外食」會分類在這個區域。當然，也有一

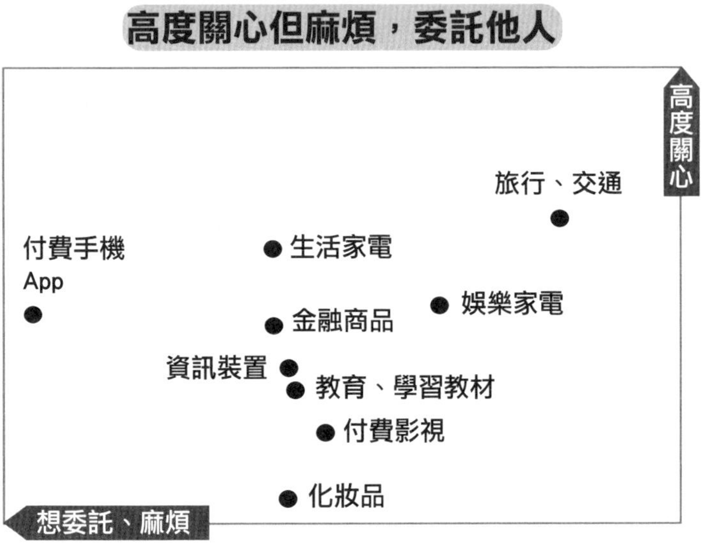


部分的人對店面的選擇相當堅持，也很享受比較菜單及用餐的過程。然而另一方面，「tabelog」（食べログ）、「Retty」等美食評價網站這麼多，也顯示出很多消費者在選擇店面時會想要交給網路上的評價排名。而且外食通常也會是大家一起聚餐的場合，或許，為了避免因餐廳選擇失敗而帶給出席者不好的印象，導致無法輕易選擇店面的心理，正是讓人感到很麻煩的原因。

在第二章也有介紹過的「airCloset」等「時尚類別的定額服務」也包含在這個區域。這種服務不但會推薦好的商品給你，還會定期寄送衣服。只要將一切交給懂穿搭的人來搭配，就不用害怕選失敗，得以掌握流行趨勢，享受時尚。

這領域的購物意識**與其說是「隨便買都行」，更準確的說法是為了尋求「不會失敗的品質」，而希望能夠以專業的人與網路評論來確保挑選物品的基準**。由於對商品不是太過講究，只要別太糟糕即可，因此這也可以說是一旦讓客人對商家、商品與服務感到安心，就能期待消費者反覆回購的類別吧。

## 左上的區域：高度關心但麻煩，委託他人

而在這份圖表中，最吸引我們目光的區域就是左上角的這塊「高度關

心但麻煩，委託他人」。二十七種商品中有九種商品（旅行／交通、生活家電、娛樂家電、資訊裝置、付費手機App、金融商品、教育／學習教材、付費影視、化妝品），是四個區域中最多的。

「雖然對商品的關心程度很高，但不想要自己選擇，希望讓他人幫忙選」——這個心理狀態乍看之下很矛盾。畢竟，只要關心商品，一般來說應該都會想自己挑選商品才對。

然而，倘若分析屬於本區域的九種商品，就可以知道「高度關心但麻煩，委託他人」的購物意識會成為判斷未來購物方向的重要關鍵。

**並非「全部交給他人決定」，而是「希望別人推薦」**

那麼，「高度關心但麻煩，委託他人」又是何種購物意識呢？我們試著分析該意識領域內的九種商品，來了解其中的真面目。

付費手機App、家電、資訊裝置、金融商品、化妝品、教材、旅行／交通等九種商品。以購入這些商品時的購物意識來說，首先，其共通點是「想先蒐集大量情報後才使用、購買」、「通常會選擇口碑好的商品以及服務」。家電、資訊裝置、旅行、化妝品等商品價格都不會太低，卻可能會有購買後商品不佳的風險，因此這類商品的評價可說是相當多。

確實，在比價與商品評價網站出現的二〇〇〇年代前半，最先成為該類網站探討對象的商品是家電、電腦，接著是旅館、旅行、化妝品等，這可以說是想要一面收集眾多資訊，一面比較、斟酌的領域吧。正因如此，消費者也會同時對這些商品感受到強烈的「資訊壓力」。**與選擇其他領域的商品時相比，此類商品在「資訊太多而感到壓力」、「想確認的重點太多」等意識上也會比較高。**

那麼，在購物壓力特別高的這個區域之中，為了避免這種壓力的產生，又會發生什麼事情呢？

以在這個領域中的「生活家電」為例，進入二〇一〇年代之後，熟知家電的搞笑藝人如吉本興業的「家電藝人」會解說自己所推薦的家電，因而蔚為話題。家電的性能不斷提高，商品的情報越多，相關評論也就越多，消費者很難抉擇。在這樣的環境下，搞笑藝人會對多樣的商品進行評估，有時用些有趣又滑稽的口吻說著「這個商品的這部分有夠讚！」提供現在應買商品情報的談話節目大受消費者的喜愛。

此部分的重點，在於**透過「家電藝人」，即可從數量龐大的家電商品中濃縮出好幾個「現在應該要關注的東西」**。消費者不用自己從頭開始選，也可以輕鬆選出現在當紅的商品，大幅減輕購物的壓力。

在「旅行／交通」的部分，社群網站上也出現了「職業旅行家」。所謂「職業旅行家」，意指mitsubachi works股份有限公司新提倡的概念，也是一種職業。他們有能力透過社群網站來呈現出自己旅行經歷中的美好之處，而這能力也受到認可，他們得以接受各國政府觀光局、各種企業等的支援，一面收取報酬，一面旅行。

現在可以旅行的地方相當多，即便檢索他人的評價，也是良莠不齊，實在不知道到底應該要去哪裡比較好。然而，只要看過「職業旅行家」們在網路上呈現出絕妙美景與感動體驗的文章，就可以知道「現在去什麼地方旅行可以有很好的旅遊體驗」、「要去哪裡才能拍出在社群網站上會大受好評的漂亮照片」。

比起從龐大的資料中一個一個檢索並蒐集所需的旅遊地資訊，瀏覽職業旅行家精心挑選過的美麗觀光地照片來決定感覺不錯的旅行地點，比較不會有壓力。

為了在「雖然有興趣想要自己選，但資訊和行程太多，選擇不出來」的領域中迴避購物壓力，**消費者並不想全部「委託」給他人幫忙選購，而是讓別人幫自己「篩選」選項**。

此外，我們也了解這個「高度關心但麻煩，委託他人」的購物型態並不只影響目前已存在於這個區域內的九種商品，也會對其他類別的購物造成影響。譬如，就連「高度關心且自己選」領域內的汽車、住宅，也有約三成的消費者會採用「高度關心但麻煩，委託他人」的型態來選擇商品。

在今後資訊量持續爆炸的將來，「選擇很麻煩」的意識會越發高漲，到時可能連住宅和汽車也會變成以「高度關心但麻煩，委託他人」的購物型態為主流吧。

## 大多選擇「高度關心但麻煩，委託他人」之購物方式的人們

在二十七種商品中擁有九種，占比最多的「高度關心但麻煩，委託他人」之購物意識型態，以及因而新衍生出來的「從篩選的選項中做選擇」之購物行為——在未來這種資訊與商品氾濫導致選擇壓力更加上升的時代裡，這兩種購物模式的影響力可以想見會越發高漲。但是，未來用「高度

關心但麻煩，委託他人」這意識購物的「人」究竟會增加多少，以及這種模式會對整體購物行為帶來多少衝擊？接下來不妨來探討一下。

在買東西時，對衣服的購物意識為「低度關心且麻煩，委託他人」，但考慮到搬家時的選項，就會是「高度關心且自己做選擇」等等，根據購買人的興趣與喜好不同，對商品的看法會有所差異，「想要怎麼選」也會有所變化，這是理所當然的。

只是，也有消費者對購物意識存在著偏頗。特別值得注意的是，在這回總共有一千名調查對象的調查中，這些在購物時大多會選擇前面提及分布圖中最大勢力範圍的「高度關心但麻煩，委託他人」者占了百分之十點四，在一定時間內購物的商品類別數量平均為十七點六個。其中，平均有十五點七個商品類型是以「高度關心但麻煩，委託他人」的方式購入。在這之中，連汽車跟住宅這種通常屬於高度關心且會積極自己挑選的高價位購物，他們也都是抱持著「讓別人幫自己選擇」的想法，這一點令人相當驚訝。

要說為什麼我們會注意這百分之十點四的人，原因在於這類人的消費意識與購物意識特徵，強烈反映出先前我們所說到「節省購物時的勞力」這近來的購物意識傾向。

首先，我們看到了用「高度關心但麻煩，委託他人」這種心態購物的人們，其消費意識的特徵——「身邊的資訊太多」與「自己非做不可的事情還有很多」同時達到百分之八十三點七的高水準。若與回答問卷調查的全體消費者做比較，「身邊的資訊太多」高於全體的百分之十二點三個百分比，「自己非做不可的事情還有很多」則是高出十三點二。我們得以清楚知道，他們強烈承受著構成「無法選擇購物」的原因，也就是資訊爆炸與消費者身兼多職時代的壓力。

接著，我們從購物意識中看出來的特徵，是「為了自己，希望能從嚴選出來的商品或服務中做選擇」這種想法高達百分之九十七點二，大幅高於整體三十三點四個百分比。這部分可以判斷成自己並沒有什麼餘力進行挑選，「想要他人推薦選項給自己選擇」的需求提高。

換句話說，**他們絕對不是討厭「挑選」的人**，因為享受著「在購物時，喜歡並感到挑選商品、服務很快樂」這個選項的意識為百分之九十三點三，比全體要高出二十四個百分比。

他們只是被爆炸的資訊與許多必須要做的事情所包圍，因此非常「希望他人幫忙做選擇」，但並非期望所有的購物都「交給別人選也沒關係，隨便都行」的人。從他們的消費意識調查結果可以清楚確認，這些人其實非常重視自己的喜好，想過上高效率的生活。

在日常生活部分，認為「要做抉擇時，大多根據自己的喜好判斷後再決定」者為百分之九十點四，比全體高出十一點八個百分比。再者，問到何謂理想的生活，回答為「高效率生活」的人高達百分之八十九點四，這也比全體高出七點六個百分比。

他們確實是希望「有人可以幫忙選擇商品」，但到頭來，也只是**「在符合自己喜好的範圍內，期望有人可以有效率地幫忙選」**罷了。也因為如此，他們才會認為從篩選出來的選項中來購物是很快樂的。

各位覺得如何呢？即便不認為自己屬於「高度關心但麻煩，委託他人」者，也可以認同這種購物傾向吧？既不想捨棄自己的喜好，又期望有別人可以幫忙選，所以「才希望從一開始就有人先選好的範圍中，接受他人推薦」。恐怕，在購物疲勞的時代，這樣的購物意識會不斷擴大。原因在於，未來會往更難抉擇的方向前進。

## 環境會持續變化，選擇變得更加困難

根據《資訊通訊白皮書》於二〇一四年發表的內容，全球的總資訊量會在二〇一〇年達到九八八艾位元組（九八八〇億GB），預估二〇二〇年會成長約四十倍，達到四十千萬億兆位元組。

面對這些資訊的消費者不會增加「選擇力」，人們往後「要做的事情」也會持續增加。最近「百歲人瑞時代」一詞成為了大眾話題，此概念出自於倫敦商學院教授林達．葛瑞騰（Lynda Gratton）的著作《100歲的人生戰略》。根據研究預測，今後包含日本在內的先進國家中會有超過半數以上的人們活到一百歲左右，所以至今為止的人生規劃將會派不上用場。

為了應對長壽的風險以及過上健全生活，今後人們會更注重「雙薪家庭，分擔家事、育兒的工作」、「有個專門職業，以便年老後繼續工作」、「長大成人後也要創造、經營人與人之間的聯繫」等，「一人身兼多職」的現象或許會越發盛行。好比二〇一五年日本政府提出的「一億總活躍社會」（譯註：日本首相安倍晉三提出的口號，意指讓全日本一億兩千多萬人口都活躍起來）成為了話題，對「一生都必須要發揮存在感」且生活繁忙的消費者來說，能夠慢慢購物並選擇的餘裕想必會更加減少。

接著，彷彿像是要回應這持續性的「資訊爆炸」與「一人身兼多職」的潮流，ＡＩ等「協助挑選的技術」發展了起來。第二章已經介紹過，能夠分析個人過去的購物紀錄、喜好並進行「推薦」的技術早已相繼出現。甚至近幾年，還出現了像是Amazon Echo、LINE Clova、Google Home這種可以進行對話的智慧喇叭ＶＵＩ（Voice User Interface，語音使用者介面）（※按照日本發售順序記載）。

ＶＵＩ能夠在你要求說「播放可以令人放鬆的音樂」時，於該時間帶播放舒服且沉靜的音樂，若委託「在明天早上七點叫我起床」，ＶＵＩ甚至還能幫你設好鬧鐘。日本在二〇一七年下半年開始相繼正式發售，而在先行發售的美國，據說個人普及率就有百分之十六，共有三千九百萬人在使用。[1]

假使今後這類智慧喇叭持續發展與普及下去，預估ＶＵＩ能夠分析使用者的喜好，當使用者在生活中想要什麼物品時，會推薦：「這個商品如何呢？」相信這樣的生活不久之後將會到來。

在資訊變得更加複雜，生活也益發繁忙之中，透過ＡＩ的「推薦」讓購物更加效率化的技術亦會普及、發展下去。雖然對購物一事抱持著關心，靠自己卻選擇不完。因此，「希望有人協助自己篩選並推薦」的需求，也會因為這樣的變化而更加強烈。

## 影響力倍增的「高度關心但麻煩，委託別人」之購物意識型態

接下來，我們也試著從人們的意識層面來考慮未來變化的可能性。

先前有介紹到，消費者之中有百分之十點四的人們秉持著「高度關心但麻煩，委託別人」的意識在購物。他們的需求是「想在事先篩選過的選項中做選擇」。在他們的消費意識裡，最顯著的是「要做抉擇時，大多根

據自己的喜好判斷後再決定」、「想要有效率地生活」這兩種。其他的消費者之中，有多少人擁有這兩種特徵明顯的意識呢？

根據調查的結果，我們得知除了「高度關心但麻煩，委託別人」的消費者以外，其他抱有此兩種特別想法的消費者也攀升至百分之六十五。可以說超過半數的人們，正開始持有這般意識。

不難想像這類人會對過多的資訊產生嫌惡感，因而去使用陸續出現的高效率購買方式。就連現在會根據商品而用不同購物方式的人，也發現「從事先篩選過的選項中做選擇」這便利的購物模式，從而順應。隨著這般趨勢擴大，「高度關心但麻煩，委託別人」的購物模式也會更加拓展。

往後，對進行市場調查的企業而言，掌握這般購物潮流的變化可以說是當務之急的課題了。

## 「預先篩選好後進行購物」的實踐者

為了掌握今後會持續擴大的新型態購物意識，我們再稍微針對現在的實際狀況做進一步分析。事實上，對大多購物行動覺得「高度關心但麻煩，委託他人」而實踐「從預先篩選好的商品中做選擇」的人們，到底是怎麼購物的呢？就從我們先前所做的問卷調查同時進行的訪問來介紹實際狀況吧。

【討厭做白工　神谷先生（假名．男性．三十九歲）】

神谷先生對流行有興趣，每個月時常會花數萬日圓在這上面。他很喜歡衣服，但他並不會把無涯無邊的流行情報瀏覽過一遍，仔細斟酌後才購買。

「我的生活課題是『效率』，總之，我很討厭無謂的事情。所以即便是挑選我很有興趣的衣服，我也覺得到處逛精品店浪費時間又疲累。當我想要買衣服時，首先，我會翻開喜歡的雜誌，決定自己想要的樣式。我只會去有賣很多符合這種風格品牌的店家，之後篩選幾個要買時就『決定是它』的品牌。再者，成為店裡的熟客後，就可以找到得以信賴的店員，他們通常會介紹符合我興趣的服飾的最新情報。這樣一來，就能放心且有效率地購物了。」

過去，講到「品牌」，人們會對其堆砌而成的世界觀或講究心生嚮往，想要藉由購買商品，成為共享其價值觀的夥伴，與他人做出區別。然而，這位神谷先生的品牌觀念卻與此相異。對他來說，品牌與其說是嚮往的對象，還比較像是可以有效率實現自己喜愛風格的對象。

善用「品牌」，從數量龐大的衣服中縮小選擇範圍，有效率地購物。

他的姿態，可以說是未來購物模式的象徵。

**【想騰出夫妻之間的時間 岡本先生（假名．男性．二十九歲）】**

岡本先生從事系統工程師的行業，繁忙跟空閒時期的落差程度很大。由於夫妻雙方皆有工作，每天都過著忙於工作與家事的日子。這樣的岡本先生最近搬了家，為了購入必要的新家電而傷透腦筋。

一般來說，在過去為了購買家電而進行「聰明購物」的方式之中，有一種叫做展示廳現象（showrooming）。消費者會在家電量販店的店面內觀看家電的實物，篩選出想要買的商品，之後在網路上確認評價，透過比價網等找出最便宜的價格後，在網路上購物。我們本以為他也用同樣的購物方式，但其實不是。在現在這個網路上資訊充斥又良莠不齊的時代，家電量販店的店員才是「篩選」手段的關鍵。

「我們夫妻雙方都因為工作繁忙，『要怎麼做才能擠出屬於夫妻間的時間』就成了生活的課題。我們都希望盡可能有效率地工作和做家事，創造出兩人之間的時間。購物亦是如此。像前陣子買冷氣時，我是先用『單層獨棟建築 冷氣』的關鍵字搜尋，確認過網路上搜尋出來的整合網站，了解其他跟自己相同狀況者的購買傾向，之後才去實體店面。店面也不是隨便哪一間都可以，而是透過網路選擇了售後服務好的店家。當然，店員有的很親切且懂商品，有的不是。這時就要詢問幾個問題，來找出可以信賴的店員。只要問問題，店員就會和善地給予情報。他們會有一些網路上找不到的可信賴資訊，也會幫忙篩選商品，推薦適合自己生活與住家配置的冷氣。價格也不一定會很高，說不定在講出網路的價格後，店員反而會降價。如果很貴，店員也會好好告知理由如『這個有附五年的保固』等，甚至會告訴消費者只因為便宜而選擇的危險性。我認為在店面購買會比較安心且有效率。」

對他來說，先在網路上取得符合自己的商品基礎資訊，之後再以值得信賴的店員建議為基礎來「篩選」商品，比較能夠安心且有效率地購買。

「買的時候不看網路評價嗎？」面對這個問題，岡本先生回答：「也不是說不看……但我只會看差評。因為，好評一定都是假的。」他顯露出對大量網路評價的不信任感，令人印象深刻。

善用會在店內當場提供情報的工作人員，從眾多商品中篩選並有效率地選擇。在這個無法光看網路評價即可知道何種商品「適合自己」的時代，消費者們自己創造出了安心且有效率的購物模式。

## 蔚為話題的「框架攻略法」購物意識型態

到目前為止，我們已經介紹了許多購物時的「篩選機制」，如家電藝人或職業旅行家等網紅、網購網站的推薦功能、AI的個人化技術等。此外，我們也了解到有些個人消費者為了講求購物效率，會閱讀雜誌或者去精品店，捨去無法信任的網路資訊，刻意只收集店員所提供的情報等，下工夫去做「篩選」。

我們將這種新的購物方式稱為**「框架攻略法」**。

此購物型態不是讓消費者疲於看遍龐大的資訊和商品之海，而是事先篩選出符合自己喜好的商品，並從這「框架」中選擇。

對於這個巨大的潮流，企業又是怎麼看待的呢？過去，企業會說明自家商品的優點，給予客戶大量的情報，以此吸引客戶的目光。然而，現今已變成情報越多，被消費者無視的可能性就越高。

不過，機會還是有的。只要能準確掌握消費者在購物時的「高度關心但麻煩，委託他人」這種消費意識，制定出能讓人感到「事先篩選過且符合自己興趣」的「框架」，消費者就會自動聚集過來「選擇＝購物」。

現今，「大量的選項」跟「豐富的商品資訊」已不再有價值。被消費者信賴，建立讓他們認為「這裡感覺有符合自己喜好的商品」——「篩選商品＝框架」，才是價值所在。

那麼，往後會對市場行銷極為重要的「框架」究竟是什麼，又要如何創造才好呢？在第二部，我會提及新時代的銷售方法。

※1 〈美國人有三千九百萬人擁有智慧喇叭，普及率為百分之十六〉（Forbes/Kevin Murnane，https://forbesjapan.com/articles/detail/19330）

# 第2部

## 【解決篇】

## 無法選擇時代的嶄新銷售方式

# 第四章 何謂制定框架策略？

## 在框架攻略法的時代，市場行銷將會改變！

### 「高度關心，想自己選！」＋「淡漠的視線」

在物慾仍未被滿足的「一致購物」時代，人們的需求很明確，只要能夠開發出符合消費者需求的商品即可大賣。正因如此，改善商品及服務本身就有著很大的意義，這也是所謂的「生產導向」時代。

隨著經濟發展，來到了商品已經有一定普及程度的「憧憬購物」時代。企業能否捕捉到消費者對商品的「進一步」需求，並將之傳達給消費者就變得相當重要，這也是所謂的「營銷導向」時代。

再往下個階段，是泡沫經濟崩壞後的「聰明購物」時代。企業使用先進技術開發商品，再賣給消費者的這個方向沒有改變。然而，作為接受方的消費者姿態有了很大的變化。消費者不再單方面等著去接收企業發送的商品情報，而是自己搜索商品、資訊並比較。於是，企業開始費盡心思想著要如何讓消費者「找到」自己公司的商品。除了最基本的媒體廣告推廣，或是將自家商品置放在店面等資訊流通策略以外，還有像是讓商品在搜尋引擎上被顯示於前排的「搜尋引擎優化對策」、請部落客撰寫自家公司產品好評的「評價對策」，甚至是在新聞或電視節目裡讓自家公司商品成為談話主題的「公關對策」。

這些對策的目的，是讓消費者在探詢商品與服務資訊時，能夠從眾多的資訊及商品中對自家商品抱持著「關心」，並在「接受」之下購買商品。對企業來說，如何與消費者在眾多的接點上盡可能發送更多資訊，是最大的要點。

不過，不管是「一致購物」、「憧憬購物」、「聰明購物」，每個時代的共通前提，是「消費者對商品有興趣，會自己做選擇」。企業以消費者「高度關心且想自己選擇」的選購行動為前提，開發商品與服務，並把資訊發送給人們。在「聰明購物」時代，網際網路的出現成為消費者重點接觸的多媒體，可說是非常大的變化，不過「消費者抱持著興趣自行搜尋情報」這一點前提是沒有改變的。

然而，隨著資訊及商品數量氾濫、人們選擇力的減少，「雖然對商品有興趣，但選擇起來很麻煩，想要交給他人做決定」的購物意識也就隨之水漲船高。掌握這樣的徵兆，一面維持舊有的情報發送模式，一面管理發送的資訊量及內容，制定出消費者「能夠選擇」的購物模式就變得極為重要。

「跟其他公司差這麼多，是全新商品！」

「在網路上蔚為話題！排名也是第一名！」

「在那天早晨的資訊節目上成為討論重點，還有這樣子的效果！」與其他公司做出區別，給予消費者各式各樣的資訊這等開頭即便到現在，也有一定程度的效果。只是，倘若資訊發送的方式或內容有誤，就會在市場上氾濫，被人嫌惡還不算嚴重，最怕的是發送出去的資訊被「忽略」。

要避免此種狀況，企業在發布資訊時，除了抱持舊有的行銷常識——「關心商品，積極被選擇」以外，也必須同時理解消費者感到「購物很麻煩」的消費意識，去販賣商品。

## 消費者在購物前的流程將產生變化

那麼，在消費者崛起新勢力的時代，購物本身又產生了怎樣的變化呢？

以前，有一個古典的理論叫做「AIDMA法則」，可以解釋消費者在購物之前的行為，即是所謂的「Attention」（注意）、「Interest」（關心）、「Desire」（欲求）、「Memory」（記憶）、「Action」（行動）流程。但在往後的時代，「Attention」、「Interest」、「Memory」這三個階段會一口氣縮減的可能性相當高。

現在的行銷潮流之一是「數位化時代的衝動消費」，或許以後在購物前的流程將會簡化到只剩下「Desire」與「Action」。然而，雖說是「衝動消費」，但這跟過去的衝動消費又相當不同，為何在「Desire」產生後能夠馬上購買，是因為消費者已經先設定好了「框架」。

## 因為事先篩選過，得以馬上選擇

當現在的消費者想要某件商品時，早就已經在心中的「框架」內有個底，心想「在這個區域內可能會有符合自己需求的商品」，之後才去商店或網路商城購買。這樣的效率，比過去先蒐集資訊、比較考慮後再選擇的速度相比可謂極端快速，因為以「框架」形式浮現在腦中的選項並沒有這麼多。

再者，近年來的認知心理學也提及人類短期可以記憶的情報數量大約是三到五個。「框架」中浮現出來的商品與店鋪數量，也會控制在這個範圍內。消費者在這範圍內的「框架」中生活，得以有效率地選擇並購入商品，離開賣場。因此當商品沒有進入到這狹窄的框架之中就「不會被選擇」。

打個比方，在第三章我們曾介紹過神谷先生，他只會購買特定流行雜誌中會出現的服裝。岡本先生在購入家電時，認為「比起網路，店員更能讓他放心且有效率地購物」。他們從這個社會上的購物方式中自行找到了「協助篩選的框架」，並從中進行選擇。

**要如何制定消費者想要購買物品時，或者是思考要買什麼之前下意識**

定出來的選項「框架」，對往後的企業來說將會是一大課題。

## 購買前的階段很短，但「框架」形成前的時間很長

以往，人們對商品產生興趣後，就開始搜尋、收集情報並比較。但是現在消費者為了購物而自發性蒐集、分析資訊的行為會慢慢地減少，原因在於，跟智慧型手機App連動的ＡＩ會在本人還沒有意識到的情況下代為收集情報。

當消費者在社群網站上追蹤在意的人或喜歡的企業，瀏覽畫面上出現的情報。閒來無事時，就讀取自己信賴的媒體所推播出來的新聞。隨著「追蹤稍微有點在意的情報」這行為反覆執行，ＡＩ就會掌握使用者喜歡的資訊，從而優先顯示符合用戶喜好的情報。當然，其中也會出現「稍微不符合」的資訊，但不看「稍微不符合」的情報或是解除追蹤，就可以更進一

步精準地網羅「自己喜好的資訊」。

另一方面，ＩＧ裡有一個頁面會推薦新訊息。這頁面會參考使用者過去曾高度按讚的資訊類型，並蒐集使用者可能有興趣的ＩＧ用戶或其發布的內容，自動顯示。透過進一步追蹤這類情報，消費者得以在智慧型手機的畫面中，創造出一個更加輕鬆且全自動搜尋「自己喜愛資訊」的世界。

這種傾向在理所當然會使用智慧型手機的年輕族群中特別顯著。根據媒體環境研究所發表，包含我自己也有參加的「智慧型手機用戶資訊行動調查二〇一八」研究結果得知，以十五到二十九歲的年輕世代為中心，用戶會用手機螢幕截圖或是透過社群網站，「總而言之先把在意的資訊留存在智慧型手機中」的這個行為已經非常地理所當然。再者，我們也了解到用戶會利用追蹤以及「按讚」的方式，自然而然累積對自己有益的資訊，而此行為的行動率高達八成以上。

此外，這種自然而然「累積」資訊的行為，也有助於消費者在無意識之中形成「框架」。**在每天零碎的閒暇時間，愉悅地持續觀看追蹤對象、企業或是 App 傳來那些符合自己興趣的資訊，即會形成一種「想要選擇什麼，就仰賴這裡吧」的意識。**

上述的調查結果也表示，越常靠著手機網羅、累積自己喜歡的資訊者，「這兩到三年來購物時選購商品的速度越來越快」。這個現象也顯示雖然購買之前的流程變短，但是在「框架」形成之前所花的時間卻相對長得多。此外，消費者蒐集符合自己喜好的情報是很自然舒適的，因為他們所接收到的都是符合自己喜好、可以給生活帶來樂趣且有用的資訊。可能會有人認為只要不斷在社群網站或廣告上宣傳自家公司，有「持續性接觸」即可。然而，倘若這些沒有帶給消費者快樂或益處，一樣會被無視。

透過提供有用情報而成功的商業案例，譬如在網路上邊直播邊賣東西的 Live Commerce 就是相當符合的模式。他們每天與追蹤自己的社群網站用戶接觸時，絕對不會抱持著「有賣掉就好」的想法，而是在賣東西之前，他們早已藉由社群網站跟消費者保持良好的互動聯繫。

例如，可以說是日本 Live Commerce 中最活躍的人「ゆうこす」，也就是菅本裕子小姐，身為「知曉受歡迎小撇步的人氣創作家」，會每天持續在動畫平台或社群網站上發布在化妝與打扮時能夠看起來更可愛的技巧。她的社群網站總追蹤人數超過一百萬人，影響力非常強大。[1]

「ゆうこす」的追蹤者們因為每日接觸她所提供的有用情報，變得很信賴她。也就是說，「ゆうこす」在充斥著大量流行與化妝品商品的世界，成為了「時尚情報的篩選裝置」也就是「框架」。也因為如此，只要她一說「今晚我要在直播介紹推薦的服裝」，觀眾馬上會說「我也想要直接買」。

我已不斷重申，最重要的是每日提供消費者喜歡的情報，持續累積。與「會不會買商品無關」，而是從平時就持續發布追隨者會喜歡且有用的資訊，讓追隨者愛上你所扮演的角色。接著，要令消費者認為「雖然資訊和商品很多，不過感覺可以依靠這裡」。最後，當消費者想著「啊，想要！」

的當下，就會快速且有效率地購買商品。

換句話說，即便購物的流程看似縮短成了「Desire」和「Action」，卻跟過往那種因為被「便宜」、「期間限定」等驅使的衝動消費已經有所不同。

## 何謂「框架」？

①「框架」，是個可以期待裡面網羅了符合個人喜好商品的存在

雖然對商品有興趣，但資訊跟商品數量太多，時間又不足，無法分配充分的勞力。這種時候，如果有個地方統整好了符合自己喜好的商品——這種期待的存在，即是所謂的框架。而這框架的設定千變萬化，如「從這個企業的商品中挑選就沒問題」、「從這個品牌的商品中挑選就沒問題」、「從這個賣場的商品中挑選就沒問題」、「從這個人推薦的商品中挑選就沒問題」。

②「框架」可以讓消費者在短時間「購入自己喜歡的東西」

擁有這個框架的優點，就是可以有效率地節省購物時花費的勞力，選到「符合自己喜好的商品」。以前，要找自己喜歡的商品，就得在數量龐大的資訊、商品以及商店之海中徘徊，感到疲勞的可能性很高。不過，倘若依賴這個「框架」，即可在更短的時間內，不費力氣買下自己喜歡的商品。框架能夠提供給消費者乍看之下很像「衝動消費」這種效率感的購物體驗。

③用「框架」提高購物效率，但是要形成「框架」很花時間

由於框架的存在，購物本身變得更加有效率，花費時間更短，不過框架形成的時間很長。在智慧型手機的時代，自動網羅符合個人喜好之資訊的消費者，會認為可以持續提供給自己很快樂或有用情報者，是相當切身

的存在。然後，當消費者決定「要買！」時，就會從切身的存在——某人或某企業身上購入商品。

那麼，當消費者「渴望」些什麼時所會依賴的「框架」，究竟是什麼呢？接下來就配合具體的事例，來介紹如何制定框架。

## 制定框架的三個觀點

即使在數量龐大的情報中，消費者依然可以簡單選擇、企業也會輕易被選擇的框架是什麼？要怎麼做才能制定這個框架？買物研從國內外收集了許多可以成為提示的案例並進行分析，抽出近年來有掌握住消費者不斷延伸的需求，且持續建立「框架」的案例。

從案例中，可以從三個觀點來看制定框架一事。

①「這個就好」的框架制定（積極妥協）

②「這個很好」的框架制定（對生活上的發現進行提案）

③「只有這個」的框架制定（不只消費，還可以參與）

「這個就好＝積極妥協」的框架制定，掌握的是消費者認為**除了對自己人生而言優先順位高的生活領域購物以外，其他的購物都希望果斷省時省力的心情**。然後，即便省力，也要把握消費者感到「這個不能妥協」的重點，提供機能、品質、設計、價格之間相互調和且「恰到好處」的商品與服務。

接著，「這個很好＝對生活上的發現進行提案」之框架制定，是指比起商品，消費者對於精神消費需求更高的時代，面對消費者懵懵懂懂想著「期望過這種生活」卻無法用言語表達的需求，**透過商品、服務早一步提出「生活發現」的提案**。

最後，則是「只有這個＝不只消費，還可以參與」的框架制定，意指掌握在社群網路普及以後，於消費者之間不斷提高的「自我實現需求」，建立一個除了單純消費被給予的商品外，**顧客自己也能夠參與的架構**。消費者會因為多少花費了一些勞力，特地以參與或支持的方式來獲得自我實現與價值，而那個對象，就是獨一無二的「框架」。

下一章節開始，我們就配合具體的消費者潮流和國內外案例，來看看其各自的框架制定思維。

※1〈兩年就超過一百萬人追蹤　社群網路素人所發現「自創品牌標籤」策略〉（Forbes／二〇一八年六月三十日）

# 第五章 會被選擇的「框架」制定方法

## ①「這個就好＝積極妥協」的框架制定

首先，第一種觀點為「這個就好＝積極妥協」的框架制定方法。

不論是工作還是人生，「事情的輕重緩急」都是很重要的——這句話最近常聽他人談起。這幾年來，不持有過多物品的「極簡生活風格」生活型態也造成了話題，全部捨棄的「斷捨離」更被選為二〇一〇年的流行語。這次買物研所實施的調查也講到越是明確定出「花費工夫進行購物／有效率購物」之輕重緩急的消費者幸福度越高，在時間與勞力都有極限的生活中，對自己人生較為不重要的事情就要「果斷」並積極「捨棄」——這樣的消費意識正不斷擴大。

消費者為了在這個時代活得幸福，開始在「果斷」以及「輕重緩急」中追求提示。而掌握這般消費者心情的框架制定，即是「這個就好＝積極妥協」。

企業必須要做的，是**協助制定「不太過堅持，但保證有一定水準的品質，所以能夠選擇」的框架**。

這種框架的重點在於「恰到好處」，而不是「怎麼樣都好」，應該掌握「雖然不會太過堅持，但是想要確保這點」這種消費者的心情。

譬如，毛巾價格稍高但觸感很好、住宅距離車站稍遠但自然環境佳、保險多少有點貴但是有保障的實例等，也就是所謂在自己生活中「不能遺漏的重點」。企業要提案出「恰到好處」可以選擇的商品、服務跟賣場，而「保險窗口」可以說是此框架設定的代表。

## 連複雜的保險購物流程都能學習，等認同後再做選擇

### ——「保險窗口」

光是想到購買「保險」，或許就有人覺得「好難好複雜」、「不是很懂」。實際上，保險商品分很多種，保險公司的數量也不少。因此，雖然有許多為了幫助消費者選擇的保險評價網站和比較網站，但其數量本身太過龐大，導致推薦的商品也各式各樣。可以說這是個資訊越多，商品也越多，斟酌起來很困難的購物類別。

因應這樣子的購物煩惱，「保險窗口」才會持續成長，日本全國至少有六百間店面以上，販賣約三十五間公司的保險商品。其制度整備完善，只要去店面討論，就可以和有保險專業知識的工作人員商量，比較眾多公司推出的商品，從中挑選出適合自己的。

我特別想在這個購物體驗中關注的部分，是即便購物流程很複雜，也

**保險窗口集團股份有限公司提供**

會提供給顧客在接受「這個就好」並做出選擇之前的「學習型購物」。

結婚、生產、身體不適……有很多消費者因為人生中的轉機，才開始思考「必須要購買保險」。但是，他們沒有足夠的知識，甚至連「說到底保險到底是什麼」、「自己所需要的是什麼」都不知道，也沒有辦法花時間從頭開始自己學習。然而，保險是需要每個月長期支付的高額消費項目，因此沒有辦法用「怎麼樣都好」這種隨便的心態做選擇。這簡直是「沒辦法堅持到底，但也無法妥協」的消費項目。

面對那些煩惱的客人們，保險窗口的員工會從頭到尾將「到底何謂保險」、「什麼時候需要」、「有什麼種類的保險」等基礎知識教給客戶。接著，員工會與客戶一同討論、思考「將來想要幾個小孩」、「大學要讀私立還是國立」等今後的人生規劃，並計算所需要的金額。員工會比較約三十五間保險公司販售的大量保險商品，思考客戶適合哪種保險，並提供輔助和建議，讓客戶能自行選擇自己必要的保險。在討論的同時，倘若客戶覺得「不需要保險」，他們就不會推薦商品。

對顧客而言，他們得以在此學習完全空白的保險知識，在認同對方提出的商品後，安心選擇「自己用這個就好」、「這個正好」。這和「保險好難，感覺在搞不太懂的情況下就簽約了」這種購物體驗不同，是可以獲得高度滿足的購物體驗。

這種購物方式，是針對那些「覺得自己沒有時間和心力一個人去選擇保險，但想要在了解、接受之後做選購」的消費者，所設計出來的「不能遺漏的重點」之購物方式。

從二〇一二年度的兩百〇二億日圓營收，到二〇一六年度的三百三十五億日圓，保險窗口能夠維持持續性成長的訣竅，就在這個「可以認同後再做選擇」的框架身上。[1]

## 藥妝店也會提供豐富生活——「dm」

像這樣成功制定「這個就好」框架的案例不只是日本國內，國外也有。

首先，我想來介紹德國最大的藥妝店「dm」。藥妝店的購物方式是極為日常的，消費者往往會追求便宜，而這間德國最大的藥妝店除了便宜以外，還標榜提高生活品質，因此消費者會積極地想著「這個就好」而做下選擇。

第一點，是 dm 執行的育兒輔助方案。我們很常聽說企業會針對有嬰幼兒的家長提供協助生產、育兒的資訊，生產時還會給予禮品等。然而，dm 所推行的育兒補助計畫是個長期專案，從懷孕到生產，甚至到小朋友十二歲為止都會不斷在資訊面、商品面提供協助。有登錄 dm 育兒支援服務的小朋友會先收到符合登錄孩童年紀的禮物，作為歡迎禮。

再者，每年小孩生日的那個月也會寄送禮物。網路雜誌上會提供符合月齡、年齡的兒童照護，以及能夠全家同樂的遊戲資訊，配上豐富的照片與影片來解說，光看這些就會讓消費者愉快地發現：「原來這個月齡、年齡的小朋友適合這樣的照顧和服務！」此外，消費者可以自由在評價頁面上針對孩童照護相關的眾多商品寫下心得，也可以在此確認自己想要購買的商品體驗與評價。對育有子女的家長而言，這個企劃在資訊面、商品面上持續提供生活服務到小孩子十二歲為止，可謂讓人開心的輔助場所。

再者，店家還會事先將德國國內生活風格領域中，高人氣部落客推薦的商品組合起來販賣，稱為「Box」，用來「篩選」商品。店內更網羅了高品質有機商品和無添加商品的個人品牌等，種類相當多元。

這是個通常人們只要求便宜的日常購物場所，不過，儘管是藥妝店，dm還是對顧客的生活寄予關心，並持續提出「高品質的日常生活」提案。只需輕鬆前往，即可解決自己生活上的小問題，dm可謂大大提高了藥妝店領域的購物品質。

對於認為「**藥妝店的購物頻率相當高，不想每次都拘泥於要買哪個商品，但也討厭『只要便宜就好』這種粗糙的生活**」之消費者而言，dm可說是「恰到好處」的存在。正因如此，在數量眾多的藥妝店之中，dm才會成為消費者想要買東西時，會積極妥協想說「這個就好」的框架。

## 在沒有時間的情況下，依舊實踐了價格適中且高品質的美味
## ——「Kochhaus」

接下來要介紹的先行案例，是在繁忙的生活中，最能代表「很想好好堅持，卻無法堅持到底」的「每日餐食」領域。買物研在二〇一六年針對年紀二十五歲到三十五歲，且過著繁忙生活的雙薪家庭進行了採訪調查，發現有許多母親談到她們會在晚上到托育中心接完小孩後趕緊跑到超市，購買一些可以簡單製作的食材。就算想為小孩做頓仔細的料理，卻難以花時間做這件事。

針對如此繁忙的現代家庭，根據食譜而販售必要分量食材的 Meal Kit（餐點ＤＩＹ配送箱）德國專門超市「Kochhaus」，給出了「恰到好處」的提案。

所謂的 Meal Kit，是一項近年來相當熱門的服務項目，會依照食譜事

先準備好製作料理時的必要食材，根據不同的情況，有時也會以之後馬上可以料理的狀態切好、包裝並送達，只要依照順序進行調理，即可做出美味的料理。其中也有相當優良的商品，例如將知名主廚所開發的食譜和食材寄送到家中，只要按照食譜製作，就能在短時間內於家中簡單調理，並享受專業的美味料理。通常這種 Meal Kit 以網路購入並宅配到家比較多，不過 Kochhaus 主要就是販售並推廣 Meal Kit 的概念。

這個 Kochhaus 的店鋪面積並沒有想像中的大，最多也就只有日本小型超市或便利商店的大小而已。一進到店內，就會看到店內販售十八種嚴選時令菜單的 Meal Kit 快煮餐包。料理的大張照片也會放在產品前，讓客人在小而充實的店內逛，憑直覺購買商品。所有的 Meal Kit 調理包最少可以購買一人份，價格最高也就十歐元（約一千三百日圓）左右，食材皆為嚴選有機食材，菜單種類從前菜到甜點都有。此外，Meal Kit 還陳列著適合配餐的葡萄酒或橄欖油等，有時可以成為搭配料理的靈感，或是讓料理更添加特色，完整保留了「擴大自己特有的快樂」這個可能性。

在德國，十五歲到六十四歲的女性就業率超過七成，雙薪家庭的比率比日本還來得多。此外，歐洲人對飲食堅持也相當強烈。在這樣的環境中，「雖然想要講究每天的飲食，但苦於沒有時間」的人們只要去 Kochhaus，即可買到「輕鬆準備的美味料理」。對於平日工作繁忙，日常生活過著「想要堅持好好做料理但沒有時間，外食又很貴，也討厭微波食品」的消費者而言，這簡直是「恰到好處」。

**「即使是在時間不足的生活中，依舊可以品嘗嚴選的美味料理」——Kochhaus 早已成為輕鬆卻能滿足他人的存在。**

## 「這個就好」，即是找出不能妥協要點的「恰到好處」

以上這些案例都是「這個就好＝積極妥協」的框架制定。生活中優先順序不是很高的購物就別太講究，果斷割捨，要有輕重緩急。此外，消費者會積極選擇覺得「這樣就好」的商品與店家，而此框架制定就是回應了這樣的需求。

消費者對高品質的生活方式是有欲求的。不過在繁忙的生活中，若一切都要求高品質，就很難花勞力去購物和選擇。該掌握的是消費者在此時浮現出來的心聲——「本來是想要堅持的，只是在體力上很難做到，卻又不喜歡生活雜亂」。

企業要把握消費者這種「雖然無法堅持到底，但唯有這部分不能遺漏」的心情，**搶先一步提出機能、品質、設計、價格部分都「恰到好處」的商品與購物型態**。這樣一來，消費者就不用從數量龐大的商品和店鋪中選擇，得以體驗有效率且舒適的購物。不僅如此，消費者還能分配更多時間在「自己想更加傾注心力的生活領域（與家人相處的時間、興趣、交友圈、工作等等）」上。

## 找出「想更省力，但又不想妥協」的要點吧

在此，企業所能踏出的「最初一步」是什麼呢？首先，知道自家商品、服務對客戶來說的優先程度是很重要的。如果商品很容易讓人感到「真的很想講究，卻無法堅持到底」，那就需要思考在消費者複數的堅持中，哪個點是最「無法割捨的」。

保險窗口掌握了消費者認為「保險雖然是很重要的商品，自己卻選擇不完，不過也不想要隨便亂選」的心情；dm 把握了消費者感到「希望藥妝店不只是便宜，還能提出讓生活品質變好的商品」這想法；Kochhaus 領悟到消費者覺得「雖然沒有時間從零開始思考並做料理，卻又想吃頓美味的餐點」這情緒。

如何去掌握這些「無法遺漏的要點」，並活用在商品、服務上就格外重要。

只要消費者體驗過一次舒服的購物，今後購物時，就會想著「這個就好」，並積極去選擇可以提供輕鬆愉快購物體驗的商品、服務。

※1 協助取材：保險窗口集團股份有限公司

「這個就好」、「這個很好」、「只有這個」，三種框架制定。除了案例與解說以外，為了讓大家在制定框架時能夠簡單複習應該意識到些什麼，我們以虛構的啤酒公司為舞台，準備了一個「假設故事」的專欄。只要放鬆心情閱讀即可。

## 統整專欄❶ kaimono beer的挑戰（這個就好篇）

五年前，「kaimono beer」這間新創啤酒企業搭上當時手工精釀啤酒熱潮而創業。該企業打算開始進行「框架攻略法」的市場銷售，並決定制定「這個就好＝積極妥協」的框架。有一天……

社長：「負責開發的山本，新商品的企劃已經完成了嗎？」

山本：「社長，現在的時代潮流是『這個就好＝積極妥協』的商品喔！」

社長：「妥協？不覺得聽起來很沒自信嗎？」

山本：「回到家後，噗咻一聲打開啤酒來喝的客人，並不會認為隨便什麼啤酒都好。不過，現在這個時代主打健康潮流，尤其是偏好手工精釀啤酒的人，健康意識也都抬頭了。因為每天都會喝，既想要注重身體健康，也期望講究味道。只是，市面上標榜『健康且美味』的啤酒數量很多，實在很難選。我們家公司販賣的啤酒卡路里其實也不低，因此相當煩惱！」

社長：「喂，這個也太強人所難了吧！要做出健康的啤酒，就得減少糖類，但糖類用量減低，酒的美味程度也會降低的。要精緻手釀啤酒達到這個需求實在有點困難啊。」

山本：「社長，不是這樣的。我們公司商品最被支持的一個特點是後勁的『苦味』。一天的工作結束之後品嘗那厚實的苦味，粉絲們對此可是欲罷不能的喔！這點是一定要把握住的。所以在保留這個苦味的同時，我試著將糖類減少到剛好不減損酒體本身美味的範圍，創造出只有一半熱量的手工精釀啤酒！將這個商品放在網路上用期間限定的方式出售看看吧！因為糖類的原料費用減少了，商品也會降價。這商品的名稱就叫做『平日精釀』！」

社長：「這個真的可行嗎?!」

社長半信半疑。貿然大量販售的話風險會很大，所以就先透過網路限定且限量發售的方式開始。雖然一開始有許多忠實粉絲提出疑問：「減糖的手工精釀啤酒不知道喝起來會如何？」不過也有一部分粉絲針對這前所未有的嶄新口味反應：「口感輕盈且低熱量，還帶苦味。」配上經濟實惠的價格，不斷有粉絲因為「對於每天都要喝的酒來說，這個商品剛剛好」，而每月固定訂購一箱。即便發展速度並不快，該商品依舊成長為穩定提升業績的商品——

※1　掌握顧客「沒辦法堅持到底，但也無法妥協」的心情

※2　商品的品質、實用性、價格、送達方式平衡做得很好

## POINT 「這個就好＝積極妥協」的框架制定

### ●應該掌握的消費者心情

除了對自己人生優先順序高的生活領域以外，其他購物都想要果斷節省力氣。只是，並非「隨便怎樣都好」，而是想從對自己而言「恰到好處」且維持品質、實用性、設計感、價格平衡的商品和賣場中選擇。

### ●必須提供的價值

掌握自家公司的目標客群在選擇商品時，那些「本來想要堅持，在體力上卻很難執行，卻又不想妥協的要點」，提供自己與周遭人們看來都會覺得品質、品味「不差」的商品、服務以及賣場。

### ●目標

要變成「生活中優先度不高的購物領域，全部都交給這裡（企業、品牌、買場）」的存在。

### ●企業必須要做的第一步

推估顧客對商品的優先度，了解他們對哪些商品感到「真的想要堅持，但不得不放棄」之後，探詢顧客雖放棄了卻「無法妥協」的要點，在商品、服務、販售方法上多下點工夫。

## ②「這個很好＝對生活上的發現進行提案」的框架制定

接下來要介紹的是「這個很好＝對生活上的發現進行提案」的框架制定。在過去，消費者的慾望比現在來得明確。戰爭結束後馬上進入「一致購物」的時代，人們渴望著「中產生活所需要的物品」，到了八〇年代安定成長期的「憧憬購物」時代，人們「想要會被他人憧憬的物品」，從九〇年代起為失去的二十年，也就是「聰明購物」時代，人們傾向「想要性價比高的物品」。

然而在當今，我們難以了解那個慾望的實體。行銷的世界裡盛傳一句話：「從物質性消費轉向精神性消費」。人們在物質需求上已經滿足了，因此販售能夠讓消費者感到開心的「精神性消費＝體驗」比起物品更為重要。那麼，在販售體驗的「精神性消費」時代，所必須的「框架制定」又是什麼呢？

## 精神性消費的本質，是從物品中產生的「嶄新生活體驗」

其中的一個答案，就是「對生活中的發現進行提案」。

現在的日本人會一次性購物，生活基本上已經沒有不便之處。倒不如說，正因為買過頭，才出現了「斷捨離」、過「極簡生活風格」的人。因此，時常有人會說「消費者已經沒有想要的物品，都被滿足了」，人們已經從「物質」轉向了「精神消費」。

然而，人們對物質並非沒有慾望。綜觀博報堂生活綜合研究所於一九九二年起每隔兩年執行一次的「生活定點調查」可知，「想不出現在無論如何都想要的物品」這類呈現對物質需求低下的比分，從一九九二年到二〇一六年持平在百分之三十。如果照著大家所說的，人們對物品的慾望減少，那「沒有想要的東西」這種占比應該會上升才對。但從調查結果看來，人們對物品的慾望並不像大眾所謠傳的那般持續降低。

倒不如說，重點不是對「物質」的慾望消失。**產生「物質慾望」的契機並非物質本身的魅力，而是轉換成物品實踐了「精神＝生活體驗」的事實**。人們不單只因為物品的實用性及對品牌的嚮往而心動，是「有這個東西或許可以過上這般新生活」的期待感，這才是產生物質需求的開關。

## 不容易察覺到的消費者慾望

消費者心中常常會有「好想試著過這種生活」的模糊慾望。只是，在生活與物質都滿足到一定程度後，過去那種顯而易見的「渴望」就會消失。譬如以往大家都想要受異性歡迎，但就連這種本能的欲求，現在也變得日漸淡薄。根據日本經濟產業地域研究所於二〇一四年實施的調查，「生活中會在意受不受異性歡迎」的二十到三十五歲消費者竟未達整體的四成。[1]

倘若欲求不明確，消費者本身就無法用言語來表達慾望。我剛進入博報堂工作時，我們一般會採用直接問消費者「你理想中的生活是什麼呢？」「現在想要的東西是什麼呢？」等問題，並獲得回應的制式化問卷調查或者是訪問。然而，到了二〇〇〇年代後半，狀況開始發生了變化，就算很直接地詢問消費者，調查出來的結果通常也難以跟真實狀況連結。

例如，知道某商品的人有百分之九十，回答「喜歡」的人有百分之八十，新商品推出時會買的人有百分之六十……但是卻賣不好，這樣的狀況變得越來越常見。

為了探求「消費者無法用言語表達的欲求」，於是相繼開發、導入不同的調查方法。比方說，測量人腦腦波，探詢人們對商品及廣告「真正的反應」；請人們從大量的照片中憑直覺挑選自己想要過的生活雛形，探詢選出那張照片的深層意識；一整天像牆壁一樣站在消費者家中，觀察人們在家中的狀況、行為以及行動，從中解讀無法用言語表達的真正需求——

要如何才能發現消費者本身都無法用言語表達的欲求？即使是現在，

大家也還在持續摸索中。只是，消費者本身的慾望並沒有消失。就如前面所述，並非「無論如何都想要的東西」消失了，因為每年確實都會有爆紅的商品持續被開發出來。現在**最重要的是如何掌握消費者無法用言語表達的生活慾望**，而企業又要如何針對其慾望提供「新的生活體驗」。

## 企業先一步對沒有成形的欲求進行提案

消費者那沒有成形的欲求，會因為「這樣的新生活怎麼樣啊？」的提案而受到刺激，讓消費者發覺「我之前就是想要過這樣的生活」，並使他們覺得：「這個很好！」如果光是瀏覽某企業的商品、服務或賣場資訊，就能期待輕輕鬆鬆讓「尚未成形的生活欲求」成形，那麼消費者在購物時，就會開始活用該企業的「框架」。換言之，這是為了讓消費者覺得「這個很好」的「生活發現」提案所做的框架制定。

倘若要說到近年來在日本國內成為話題的事例，那麼，藉由徹底接待客人，把拍照新手培養成愛好者，創造許多回頭客，因而在栃木縣打造出第一名相機店地位的 Satokame 可以說是一個好例子。

## 販賣相機所帶來之嶄新樂趣——「Satokame」

在栃木縣內可說是家喻戶曉的相機販賣店 Satokame，並非在全國拓展了數百家店面，並進行大量商品販售的大型家電量販店，只是在栃木縣內有十七間店鋪，從業人員約一百五十人的當地相機販賣店。然而，若不論大型家電量販店，該店在縣內的相機販賣台數可是以市占率第一為傲的。其銷售能力強大的祕訣，在於會好好傾聽攝影新手的話，並能夠讓客人對照片產生興趣的販售與接待風格。

隨著相機數位化、小型化，拍照已經成了比以前更加貼近消費者的存

Satokame 超級相機中心宇都宮本店／作者拍攝

在。特別是在智慧型手機普及後，很多人會用記錄的方式來拍照。由於輕巧小台的數位相機跟智慧型手機的普遍，人們對高額的單眼相機需求量就會減少，在這樣的狀況下，Satokame 為什麼能夠在販售相機上成功呢？

其中的祕訣，就是將照片的「印刷成品」放在入口，讓人們對相片與相機產生興趣，並進一步培養成長期顧客。

現在，消費者的數位相機或智慧型手機中存有每天拍攝的大量照片。只是，這些相片大多處於「存放」的狀態，很少會去回顧。其中，或許也會有捕捉到日常感動或美麗瞬間的貴重照片。然而，如果拍好後放著都不去回顧，那就是空藏美玉了。關於這點，Satokame 就提出了一個提案，Satokame 會以「將回憶完美留存終生」為任務，把拍照新手原本拍完後就放著不管的照片沖洗成有形的照片。

進到 Satokame 的店鋪裡，可以看見店內配有好幾組用來顯示電子相片的螢幕，前方搭配兩人能夠舒服並坐的沙發。顧客會在這裡沖洗照片，此時，顧客得以和被稱為「夥伴」的工作人員一面暢談，並從大量的照片中慢慢挑選想要沖洗的照片。店員會跟客戶並排坐在一起挑選照片，暢聊許多內容，好比「為什麼會拍這張相片呢？」「你的興趣是什麼呢？」「你想要拍什麼樣的照片呢？」等等。相片裡充滿了拍攝者的興趣嗜好與生活，

**陳列在店內，用來選擇照片的螢幕與沙發／作者拍攝**

正因如此，只要邊看照片邊聆聽，即可充分了解客戶的事。

工作人員會一面與客戶看照片，並老實給予意見說「這張照片很棒呢」、「這張不太好」等等，協助挑選作品。當然，店員所推薦的照片中也一定會有不符合客戶喜好的。不過，如果只按照客戶自己的喜好來挑選照片，時常會選出表情同樣刻意的，或是房間整理得很乾淨的照片，沒什麼樂趣。留存下來的回憶中就算有稍微滑稽的表情、生日派對後略顯凌亂的房間等也無所謂，這反而會成為看照片時展開愉悅對話的契機。

就像這樣，看著與店員一起挑選、沖洗出來的照片，顧客也會因而心動。和至今為止從數位相機、智慧型手機液晶螢幕上看到的相片不同，這些「有實體」的回憶配上光靠自己無法挑選出來的豐富表情，全部收納在手邊的相簿裡面。顧客看著照片的同時，會發現這些自己隨興拍下來的日常並非不知不覺流逝的過去，而是充滿喜悅與發現的重要時光，因而非常感動。

這樣的服務大大減少了顧客挑選照片的麻煩，同時促使顧客發覺自己沒有從照片中注意到的感動，因此大受好評。Satokame 首先就透過沖洗照片，成功獲得許多業績，不只如此，最重要的是 Satokame 還將這些沖洗出來的照片放在入口處，創造出進一步的商機。

被沖洗照片所感動的顧客看著這些，也會開始想著，倘若沖洗的體驗這麼美好，就「想要拍出更美的照片」。接著，假使店內的店員推薦用單眼相機試著拍照看看，顧客會因而實際感受到有對焦的美麗照片與背景柔焦效果，就能體驗比智慧型手機與傻瓜相機更上一層樓的美感。以這樣的體驗為契機，客戶亦會心想：「反正都要拍照，不如就把回憶留存得更美麗吧！」因此開始對高價格的單眼相機與提升攝影技術產生興趣。

Satokame 接待客人的時間通常是一小時，最長甚至有到五小時。他們就是在店內透過這樣長時間與客人接觸的方式，促使顧客萌生至今為止都沒有過「想把回憶美麗地留存」的慾望，並協助培育這個欲求。

注意到照片價值而購買相機的顧客與販售店之間，不會僅僅只是「買完相機後就結束」的關係。客戶會為了沖洗「用在 Satokame 買來的相機」所拍攝的相片而再次造訪 Satokame，並和店員一同斟酌自己拍的照片，請教新的拍照技術，加深興趣，並購買新商品。

依照狀況的不同，據說有時也會由熟客來教導拍照技術，相互交流。透過與店家產生的這段關係，顧客對相機原先有的朦朧欲求會接二連三地成形，例如「我之前就是想要用相機拍這樣的相片」、「透過相機，可以認識新的夥伴」、「原來除了我自己覺得好的相片以外，還有其他可以拍出好相片的拍攝手法」等等。藉由「沖洗」拍攝的照片，客戶會漸漸覺醒對拍照與相機的喜悅。據說也有回頭客是因為感受到這種喜悅的魅力，為了沖洗照片和享受與店員的對話，每三個月就會特地從東京前往拜訪栃木縣的 Satokame。

顧客的回頭率超過百分之八十，成為地區營業額第一名的祕訣就在於此——**將新手內心潛在的關心化為實體，並徹底、持續一同培養那份關心**。要說 Satokame 是除了相機以外，也「一併販售拍照樂趣的相機販賣店」，相信不會有人反對的。

對顧客而言，Satokame 儼然成了「只是去拜訪也能發現拍照樂趣」的地方。不需要特別花時間看書或上網蒐集資訊也無所謂，光是在這裡跟店員聊天、選擇照片就能夠發現喜悅及感動，成了得以找出自己一人無法察覺到「有照片的生活」有多麼喜悅的「框架」。

此活動的成果在數字面上也如實體現了出來，栃木縣在照片、鏡頭、相機的每個家庭銷售金額超過全國平均的三倍，居全日本之首。培育栃木縣民對「照片」的關心成果就在於此。

Satokame 減輕了顧客在「自己挑選照片」時的力氣，促使顧客發現沖洗相片的樂趣，培養顧客「想要拍出更漂亮照片」的心情，進而擴大自家公司的商業。這次商業擴大的核心在於「把回憶美麗地留存」，為了更一步拓展這樣的喜悅，Satokame 在二〇一八年開始了名為「印相」（contract print）的服務。這是為了那些覺得選照片很麻煩的客戶，才以印相的方式提供一千張照片只需約一萬日圓即可印刷的服務。兩到三年分的個人回憶只需要一萬日圓即可送到客戶手邊。雖然都是已經逝去的過往，不過在回顧這些重要日子的相片時，開始對「不是透過智慧型手機，而是想用單眼把回憶更加美麗留存」這想法抱持興趣的顧客，或許也會逐漸增加。[2]

將消費者無形的欲求轉化為有形——「這個才好」的框架制定成功案例並不僅限於日本國內，國外也有，第一個案例，是德國的雜貨店「奇寶」。他們徹底研究消費者的需求，每周都會推出三十種以上的新商品進行販售，而這些商品只會限時賣四周。

## 提供新生活的提案，每周販賣多達三十種新品——「奇寶」

奇寶是販售咖啡、雜貨、服飾、家庭電器、家具等商品的雜貨店，價格經濟實惠，商品品質相當高。奇寶原本是在一九四九年於漢堡以咖啡攤起家，之後開始販賣雜貨，店內的休息區跟雜貨賣場是相同的空間。現在奇寶在德國全國發展了起來，是一個可以輕鬆逛的地方。

這間雜貨店的有趣之處是以「每周都會有新發現」作為標語，每周變換主題，並投入掌握流行要素的新商品。新發售的商品目前採用只販售四周的銷售手法，譬如某個月的第一周推出「初夏快樂的外出用具」，第二周推出「可以愉悅書寫的文具」，第三周推出「在夏天變美麗的美容用品」……類似這樣子的形式，每周都會設定一個主題並推出相關的新商品。

此外，這些主題設定並不只限於文具、美容相關等分類商品，而是配合該季節所有的生活提案。好比說二〇一八年五月新發售商品的主題是「青藍的夏天」，就以能反映出夏天的青藍作為主題，販賣床單、布料、睡衣以及點綴房間的燈，甚至是餐具等橫跨各個商品類別的新商品。奇寶對於這樣子的「新發售」主題並非每個季節一次，而是每周都會執行。

奇寶在這些商品的開發上做得很徹底。為了決定商品的主題，他們的員工會透過雜誌、網路等來調查當今歐洲的流行生活型態或商品，或者是傾聽來店客人心聲以便研究。近年來為了得到開發與改善商品的提示，奇寶在網路上設立了可以聚集奇寶粉絲的溝通社群網站「奇寶討論區」。這個討論區的形式就和社群網站一樣，粉絲們每天都會上傳使用奇寶商品的日常生活照到這個社群網站上，並搭配評論。

上傳的相片內容各式各樣，有使用奇寶商品的萬聖節與聖誕節等房間裝飾品，或是使用在奇寶購買的容器盛裝料理，還有像是使用奇寶商品野餐的照片等等。看了這些照片的粉絲們會互相提問或分享感想，成了熱絡的討論區。[3]奇寶擁有可以自然觀察到顧客生活的地方，藉以更精緻地修正「現在應該提供給消費者的主題」。再者，這個討論社群除了一般社群網站的基本功能以外，還有更加實踐性的商品改善機能，如針對註冊的粉絲進行商品螢幕測試等。

奇寶透過這樣的調查、顧客觀察與螢幕測試，藉由詢問，決定「現在應該提供給消費者的主題」，並以此決定為基礎，每年開發出約兩千樣商品。一年大約有五十二周，也就是每周大概會開發三十到四十個新商品，進行販售。

消費者光是每周來一次店家，就能夠與各式各樣的潮流商品相遇，刺激自己無法以言語表達的生活欲求。由於商品開發後只會放在店裡賣四周，店內不會到處都是商品，選擇更加容易方便。

更重要的一點是，即便消費者在店裡受到刺激，心想著「我要這個」而買下，事後覺得「果然還是不太對……」而後悔，也可以在購入後十四天內免費退貨。正因如此，來店的顧客得以放開心胸，隨興做選擇，享受自己內心無形的生活欲求和商品相遇。現在奇寶不只是德國才有，還拓展到波蘭、丹麥、土耳其等地，而奇寶做這些的原動力，是「徹底執行每周持續更新新發現的提案」、「來店的客人可以無所顧慮地刺激自己的生活欲求」這兩點。

**「追求生活中新鮮變化與刺激」的消費者已不再需要東翻西找，只要每周去奇寶，就能隨心所欲地刺激自己內心無形的欲求，並讓其成形。**而且，還可以用實惠的價格購入掌握流行要素的高品質商品。這個儼然已經成為消費者得以發現、捕捉潮流「生活變化」的「框架」了。

以上是針對這類消費者的「生活提案」框架制定。而除了物品與賣場，現在就連過去必須負擔高額才能委託的專業建議，消費者也可以更加輕鬆獲得。目前已出現了這樣的服務，其中最佳案例就是美國的室內設計服務「Laurel & Wolf」。

## 徹底削減選擇、購買家具時的壓力——「Laurel & Wolf」

Laurel & Wolf的服務概念是「讓專業的服務能夠更輕鬆入手」。在美國，買新房跟搬家是很常見的，此時顧客雖然會有「總覺得想要擁有〇〇風格房間」等模模糊糊的想法，但是對家具不甚了解的外行人來說，想要找出適合的商品可是很費心力的。這種時候有人會委託專業的室內設計師，詢問應該放何種家具等設計和搭配問題，只是有些業者的費用高昂，大概一間房間就要花上一千美元左右，這實在不是人人都能負擔得起。

能夠透過網路，以更實惠的價格提供這種專業提案服務的就是「Laurel & Wolf」。他們與超過六百五十位室內設計師簽訂契約，給予客戶最適合的室內設計以及購物體驗。

在服務流程中，客戶要做的事情相當簡單。首先進入網站，用點選的方式回答想要布置的房間數量、使用用途（寢室、客廳等）以及家具購入的預算等問題，最後從七十九美元、一百四十九美元、兩百四十九美元這三個選項中挑選自己想要使用的服務方案並付款，以數位方式寄送想要設計的房屋現狀照片。

之後，就會有好幾位設計師在寄送的房間照片上，以模擬的方式配置壁紙與建議擺設的家具等，提出設計方案。顧客可以把不喜歡的家具從設計草案中刪除，甚至進一步傳達自己的期望，最終完成一個自己滿意的設計。而這一切，大多都只要透過網路和喜歡的設計師溝通即可。

以方案價格來說，顧客等於最低只花七十九美元（即未滿一萬日幣），就可收到數位專家的提案，還可以詳細跟專家進行討論，這已經夠划算了，更厲害的是，連購買家具都很輕鬆。只要在網路上輕鬆點選規劃好的商品，即可一次性購入。畢竟，要特地去各個店家買齊設計師指定的家具是很麻煩的，不過在這裡，光點選一下滑鼠家具就會寄到家中，還能向網路上價格便宜的店家購買，顧客得以有效率地使用預算。

此外，家具還不只是單純送過來而已。店家會將說明何種物品要放在哪裡的樓層設計方案跟使用說明書一起送過來，所以收到商品後，就可以安心地自行進行布置。從房間的設計、家具的購入到家具的設置，原本所需花費的勞力都被大幅度地刪減了。二〇一八年，Laurel & Wolf為了回應顧客的喜好而決定生產自家品牌的家具，公司的潛力也變得更大了。

對消費者來說，一旦委託這項服務，**不只可以藉由專業且確實的提案**

**讓自己心中朦朧不清的室內設計畫面變為有形，就連繁雜且耗費勞力的家具購買也能靠點一下滑鼠解決**。該公司簡直成為了「只要交給我們，即可不費力就獲得高品質生活方案」的「框架」。

在搬新家跟買房比率高的美國，這樣的購物體驗與「下次買新家的時候，就再委託 Laurel & Wolf 吧」這種回購的想法息息相關。

## 要思考的不是如何改善缺點，而是「生活發現」

從國內外這些「這個很好＝對生活上的發現進行提案」的框架制定，可以看到共通點是**「勞力的效率化」**，向消費者保證不用費力氣去做各式各樣的探索，「只要來我們這裡就好，只要在這邊選擇就沒問題」一事。

更重要的，是**「只要去、只要選擇，就可以得到提高生活品質的提案」**這一點。針對自己朦朧不清且尚未成形的生活欲求，企業會先一步提出「這種生活怎麼樣」的提案。因此，接受提案的消費者會得到「自己的生活可能會改變」這喜悅的發現，進而認為「這個很好」並購買。

「可以輕易、不費勞力就接受高品質生活提案」這個要點，正是讓大眾覺得此為「這個很好」之框架制定的重要關鍵。

然而，這部分需有企業非比尋常的努力。Satokame 在進行生活提案時都會徹底面對客戶，往往耗費大量時間來接待客人。奇寶則是從根本分析流行與顧客意識，傾聽各店家顧客的心聲，為了新生活的提案，每周開發三十到四十種新商品。Laurel & Wolf 是將一大群設計師整合為組織，大量減少顧客的勞力，朝著建立能夠邂逅「新生活」的系統邁進。

將消費者無形的欲求具體化。為此，才需要能確切貼近顧客的能力，與設計領先他人之生活的能力。這些都不是只做一時，而是需要持續進行。

那麼，企業要制定這個「框架」時，可以做的「最初一步」是什麼呢？那就是思考商品、服務可以帶給消費者什麼樣的「生活發現」。這必須轉換過去只針對「商品」的發想，此時的要點，並非「變方便」、「變舒適」、「變有效率」等改善過去缺點的想法。

透過自家商品和服務，讓消費者覺醒過去他們沒能發現的「嶄新生活」。消費者會得到超乎想像的發現，要如何製造這樣的期待感，才是重點所在。

像這種時候，請具體思考顧客的生活，想想要帶給生活何種意料不到的「精神消費」（生活體驗）顧客才會開心？過去的商品和服務，能夠怎麼套用在這個「精神消費」（生活體驗）上呢？

※1 〈年輕人「想要受歡迎的想法」凋零　比起異性，更喜歡自己〉（NIKKEI STYLE／日經產地研調查）（https://style.nikkei.com/article/DGXLASFK08H2P_Z00C14A9000000）

※2 協助取材：Satokame 股份有限公司

※3 奇寶官方網站（https://community.tchibo.de/de-DE/start）

## 統整專欄❷ kaimono beer 的挑戰（這個很好篇）

隨著「平日精釀」迅速走紅，kaimono beer 稍微賺了一點。這回，他們想來挑戰「這個很好」的框架制定，有一天……

社長：「喂，山本，下次的專案進展也會很順利吧？」

山本：「社長……我算是三十多歲的單身漢吧？」

社長：「哦，怎麼了？這麼突然……」

山本：「其實……日本往後會增加許多三十歲到四十歲的單身漢喔。」

社長：「真的嗎？好像有道理，前一陣子是有在電視上聽過一個叫做終生未婚的單字呢。」

山本：「沒錯沒錯！會持續增加下去的。這群人只能為了自己花錢，因為沒有時間，在家基本上都是吃便利商店。在家開伙很容易做多導致浪費，一個人外食又很悶。有很多人一想到加班結束後都晚上九點了，配著啤酒和便利商店的便當，竟沒有辦法給如此努力的自己一點獎勵，感到很辛苦呢。」

社長：「嗯——這可能真的有點辛苦吧，女性的話，還可以買甜點來獎勵自己。」

山本：「沒錯！我想說針對這樣的單身漢推出每周三次的服務，寄送工廠直送的小分量生啤酒機，並搭配適合生啤酒、只要加熱即可的小菜套餐。」

社長：「你說什麼？」

山本：「這個服務的名稱就叫做『頂級的晚上九點』。即便加班回家後只有一個人，也能帶來幸福時光的啤酒與小菜！平時的夜晚就靠小小的生啤機和加熱即食的小菜，度過無須在意他人，也能夠給予自己獎勵的奢侈時光。宣傳標語就用『每晚在房間裡喝的獎勵啤酒吧』！」

社長：「這個可行嗎?!真的可行嗎?!」

在這之後，「頂級的晚上九點」相當受三十多歲的單身上班族歡迎，成為了 kaimono beer 的熱賣商品。

※1 具體掌握顧客的生活、心理狀態

※2 並不是思考商品的發想，而是商品會帶來何種生活體驗

POINT

# 「這個很好＝對生活上的發現進行提案」的框架制定

## ●應該掌握的消費者心情

比起物品，對於精神性消費更加興奮。然而，消費者雖然會有「想試著過這種生活」的模糊想法，卻無法好好說出口，也沒有辦法花力氣去實現自己的願望。

## ●必須提供的價值

對於消費者曖昧不明且無法具體解釋的欲求，藉由商品、服務及賣場提出「生活發現」的商品。

## ●目標

在消費者追求新生活的便利與快樂時，一定會確認新商品，且認為是好夥伴的存在。

## ●企業必須要做的第一步

思考自家客戶的生活，以及顧客會喜歡且超乎想像的「精神消費」（生活體驗）是什麼。此時，要去考慮自家的商品、服務可以如何提供貢獻。

## ③「只有這個＝不只消費，還可以參與」的框架制定

最後要介紹的框架制定觀點是「只有這個＝不只消費，還可以參與」。

正如在第一章所提到，二〇一〇年代前半葉，社群網站開始爆發性普及。隨著社群網站的普及，消費者得以更輕易地與人聯繫或參與社群活動。在近年來全球使用者人數遽增的社群網站「Instagram」上，「＃想要與〇〇般的人聯繫」這種主題標籤相當盛行。所謂主題標籤的系統，意指在這個「＃」的井字號後面輸入關鍵字，該關鍵字就會成為人稱「標籤」的印記，得以檢索或是和抱持著相似關心的夥伴共享話題。

好比說，倘若你在發文中加上「＃想要跟喜歡旅行的人聯繫」、「＃想要跟喜歡相片的人聯繫」，就能與不認識卻有著相同嗜好的人聯繫上。此外，用戶還可以交換自己有興趣的情報，獲得參與的喜悅。

過去存在著所謂鄰居之間互相往來的「地緣關係」已經減弱，一生不

婚的單身人數也持續增加，「血緣聯繫」的存在感變得相當稀薄，當今社會亦走向了難以發揮社區機能的時代。在這樣的狀況下，社群網站的問世與普及使我們不再受限於過往的社群模式，產生得以輕鬆「參與」的新型態及喜悅。

在這個前所未有的「參與喜悅」於消費者之間不斷擴展的時代，消費的種類也超越了以往企業與消費者的框架，產生新的消費模式。那就是「消費者可以自己參與」的框架制定。

## 顯現出「可以參與」的消費方式——「AKB48」

在新產生的消費類別中，究竟出現了何種「可以參與」這種意義上的消費變化呢？首先浮現在我腦海裡的，就是「偶像產業」。根據矢野經濟研究所於二〇一七年針對「御宅族」市場所做的調查，二〇一六年的偶像相關市場規模比前年度上漲了百分之二十點六，為一千八百七十億日圓。「傑尼斯」、「AKB48」等團體的粉絲層支撐著當今市場的同時，其他幾個偶像團體的崛起也讓市場有擴大的趨勢。研究分析，「預估二〇一七年度的偶像市場規模會比前年度上漲百分之十二點三，成長至兩千一百億日圓」。[1]

為何會有這般急速的成長？原因在於，市場模式已經從「消費型」轉換到了「參與型」。當今的偶像可以說是「貼近的存在」，但以前的偶像卻是「電視裡憧憬的存在」。一九九七年「早安少女組」出道時，成員全員會巡迴販賣CD，然而，把她們炒到火紅的可是「電視」。最一開始，早安少女組這個偶像是從東京電視台體系下的「ASAYAN」節目企劃中誕生的。當時的偶像還只是電視畫面裡遙不可及的存在，是消費者會關注其一舉手一投足，買CD、去聽演唱會的對象。而幫偶像團體設定形象和背景故事的操盤手，也是由「電視局」的相關人員負責。

不過，就如大家所知道的，從 AKB48 出道開始，這樣的潮流就大幅改變了。以「能夠親眼看見的偶像」之概念為本，日本當地建造了可以每天都見得到偶像的 AKB48 專用劇場。AKB48 改革了過往的偶像產業，製作人秋元康根據粉絲的支持狀況來決定 AKB48 成員的站位跟團體未來趨勢的走向，打造出前所未有且劃時代的粉絲「參與型」偶像。

團體由不同類型的成員組成，這樣便得以找出最廣受支持的成員——「主推成員」。在每年實施的「AKB48 選拔總選舉」上，粉絲會透過購買CD來獲得「投票權」，可以把票投給自己喜歡的成員。隨著粉絲的支持，偶像的注目程度跟排名會有所不同，進而改變成員的偶像人生。粉絲得以看見自己投票的成員排名往前，越發活躍的姿態，這可以說是讓粉絲一同來找出能夠擔任下一個世代 AKB48 的主角，以及開拓嶄新的故事。

再者，粉絲還可以實際到現場去見那位成員，並與之握手，透過真實世界的溝通，產生偶像與粉絲之間那以往沒有的羈絆。我有一位從 AKB48

萌芽期就會頻繁進出 KB48 劇場的男性友人表示：「與其說是我認識 AKB48，不如說是 AKB48 認識我的感覺。」這可說是平凡不過的一般人，同時也是熱情粉絲的心聲。而這種「參與」型消費模式，是以往只能在電視裡觀看偶像的時代中不可能發生的。

這種現象與在二〇〇〇年代後半的社群網站擴大現象有關聯，社群網站主打「大家都可以輕鬆加入」，這也正好明確展現出消費者對於「參與」型的消費欲求大為增加。

這個「參與」型消費中所誕生的意識，就是自己是一同創造 AKB48 以及其故事的夥伴。**消費者不會覺得支持所花費的勞力是「勞力」，不如說是昇華到「有執行的意義」，甚至超越了「這個很好」的框架制定，成為「只有這個」這等羈絆強烈的「框架」**。

現今，這樣的參與型消費已經擴及到商品與服務的購物層面。譬如，除了日本以外，還在世界各國開業的生活雜貨流通企業——「良品計畫」

之「生活良品研究所 IDEA PARK」。[2]該企業擁有被稱為「MUJIRA」的資深粉絲，可以說是個很好的例子。

## 跟粉絲一起改良、開發商品——「生活良品研究所 IDEA PARK」

「生活良品研究所」會定期發送無印良品的商品開發過程以及每日好好生活的專欄內容。網站會發布這些讓無印良品粉絲愛不釋手的資訊，而最重要的是，這個網站並不是只「發送」訊息，還制定了粉絲也能「參加」的機制。消費者可以在生活良品研究所網站內的「IDEA PARK」上，輕鬆投稿有關商品改善與新商品開發的需求。

據說自從二〇一六年網站更新後到二〇一七年為止，每周平均一百五十則，每年平均有七千九百多則需求上傳到網站上，其中約有五百七十則的需求被實際運用到新商品的開發以及商品改良上。此外，IDEA PARK 讓人訝異的並不只是每天網羅的這些消費者需求數量，而是早已成了消費者之間會為了提供無印良品新商品的點子與改善想法而互相交換意見、交流的社群網站。

在這個意見交流的場所，無印良品的員工不會進行任何發言，會表示意見的無印良品高度忠實粉絲們，則是相互對對方的意見給予評價，或是交換意見。在這個過程中，自然而然形成了不只是單純表達對商品的期望，而是還能建立高品質商品的網路群體。

為什麼能夠建立一個參與性質高、水準高的平台呢？原因在於，這裡有著消費者對無印良品的高度期待。該網站的營運負責人曾經詢問過在IDEA PARK 上發言頻率高的顧客：「為什麼要跟我們說這麼多意見？」顧客大多的回應都是：「因為我覺得無印良品會幫我們執行。」即使是在看不見對方真面目的網路上，無印良品還是很認真地面對顧客的意見並實現其願望，因此他們才會收集到這麼多真實想法。

另一方面，生活良品研究所也不只是被動等待消費者的投稿，無印良品方本身也會針對消費者進行各種問卷調查、收集意見，整理成讓消費者更容易參與的環境。

正因為有著**不只單純消費，「自己也能參與商品的改善和發想」**這樣的機制存在，無印良品才能成為遍布全球的主流品牌，更成功收穫了「非其不可」的忠實粉絲。對熱情的顧客而言，完全無須去跟其他競爭店家做比較，無印良品已經成為他們心目中「只有這個」的獨一無二框架了。

## 顧客支付會費，自己來當店員——「The People's Supermarket」

在英國，有一間超市更加完整體現了獲得「參與價值」的參與型框架制定，那就是「The People's Supermarket」。

這間超市的標語是「成為某件美好事物的一部分吧」。他們的任務不只是便宜消費，而是為了「有機蔬菜地產地消」、「減低食品浪費」、「給予發展中國家支援」等「讓社會變好的事情」而行動。為了達成這些任務，和有相同理念的人一起營運，即是 The People's Supermarket 的重點。

這個超市並沒有正式的從業人員，在這裡工作的都是認同超市理念的「會員」。會員每年都需要繳二十五英鎊的會費，且必須每個月在這間超市提供四小時的勞力。取而代之，在超市內除了菸酒商品以外，所有的商品都可以用八折的優惠價格購入。然後，會員們可以討論「應該要進什麼貨」、「下次要辦什麼活動」等，共同決定經營方針。此為二〇一〇年新創的公司，曾經一度面臨倒閉的危機，後來當時的英國首相大衛・卡麥隆因為其嶄新的經營模式來造訪，企業才開始受到矚目。

現在 The People's Supermarket 擁有超過一千位以上的會員，藉由關心各種社會問題的人們一同參與並營運著。換句話說，這間超市是由顧客負擔經營資金，並實際參與經營及工作。參與的一方需要付出明訂的金錢成本以及勞力成本，然而，對這些不滿於世界上充斥著大量生產大量浪費、環境破壞、阻礙發展中國家發展等不公平貿易橫行的消費者來說，這樣的參與成本並不高。

倒不如說，**這些金錢、勞力成本是為了「成為美好事物的一部分，進而改變世界」的參與價值**。有共同高遠志向的人們透過超市相互聯繫，並成為主角來「培育店鋪本身」，與夥伴共同合作，感受到成就感與價值。再者，還可以用更便宜的價格購入商品。因此，這間超市對他們來說，已經成為不需要跟其他超市做比較，「若要買東西，非這裡不選」的框架了。

## 花費的「勞力」會昇華成「參與價值」

到目前為止，我們介紹了「只有這個」的框架制定。這與「這個就好＝積極妥協」以及「這個很好＝對生活上的發現進行提案」的框架制定相當迥異。

「這個就好／這個很好」的框架重視在這個情報與商品氾濫的世界中，讓沒有餘裕選擇的消費者們「能夠使選擇的勞力更有效率」。在「這個就好」的框架中，企業會提供「品質、設計感、價格」上高度平衡的優質商品，人生中選擇優先度不高的商品選擇起來較為省力。「這個很好」的框架，則是企業在面對消費者無形的欲求時，會先一步以「生活發現」的形式，透過商品和服務來提案，節省消費者探求無形慾望的麻煩。

不過，在「只有這個」的框架中，消費者反而會因為「參與」導致自身的麻煩跟勞力消耗增加。需要特地花時間發送自己的意見、支援，根據情況，有時還不得不使用自身的錢財。乍看之下，這感覺好像「非常麻煩」。

只是，上述所提的事情在某種意義上來說，反而跟「節省勞力」有所關聯。若處於「只有這個」的框架之中，消費者的勞力已經不再是勞力。不，與其說不是勞力，更準確來說是「不再覺得是勞力」。換言之，在此為了參與所耗費的勞力，早已昇華成「參與價值」。為自己所參與的事情花費勞力，會讓商品與服務產生正向的變化。消費者會對此事感到「有參與價值」並投入其中，更加深對關注商品和服務的愛。

## 把商品、服務當成顧客人生的一部分

想要創造出「只有這個」的框架，對執行一般市場調查的企業來說難度非常高。他們需要揭露其他競爭公司沒有的強烈理念，獲得顧客認同，並擁有讓顧客認真參與的能力。

就這點上來說，人們要求與看重的並非「企業」，而是更類似「人」的部分。比方說，AKB48 團體正所謂是去支持其中的「人」；無印良品那改變生活的「企業人格」受到信任；The People's Supermarket 的商業模式為「人與人之間的聯繫＝People」，既是消費者的身分，又為了讓社會更好而工作。

在社群網站上發布細心的訊息讓「人格」受到肯定的企業確實開始增加了。不過以消費者的角度來看，這個被認可的人格不能夠只是單純「有趣的人」，而是必須改變成「一起完成某件事的夥伴」。企業、經營者要擁有怎麼樣的人格，用什麼方式經營才能讓消費者認真想要參與自家公司的命脈——「商品、服務」的改善？又要如何讓參與的消費者感受到「自我認同」與「價值」呢？

為此，企業應該做的第一步是什麼？就是從探索自家商品與服務成為「消費者人生充實的一部分」之可能性。企業與消費者必須要**「建立共同目標」**，讓消費者即便付出一部分自己的人生，也會為了商品與服務而「想要參與、想要支持」。

這也許是像 AKB48 團體那樣「想要支持這個成員，讓她出人頭地」的目標，也可能是無印良品的 IDEA PARK 那種「想要與可以回應期待，製作出能夠解決自己困擾之商品的企業一同參與」的目標，抑或者是如同 The People's Supermarket 一般，「想要改善社會的不公」的目標。重要的是思考過去這些商品與服務的特徵，並樹立一個得以與消費者有所共鳴的目標。

此外，可不能夠只讓消費者有共鳴或贊同，還必須思考出會讓消費者感受到參與價值的機制。此時，可以不用擔心害怕讓消費者為了達成目標，而付出「勞力」。

※1 「Cool Japan Market／御宅族市場的徹底研究二〇一七」（矢野經濟研究所）

※2 協助取材：良品計畫股份有限公司

## 統整專欄❸ kaimono beer的挑戰（只有這個篇）

隨著「頂級的晚上九點」大為熱賣，kaimono beer在東京都內建了大樓。為了吸引更多粉絲，他們決定挑戰「只有這個」的框架制定。

山本：「社長，我們來辦慶祝活動吧！」

社長：「什麼意思？跳盂蘭盆舞嗎？還是辦祭典？」

山本：「都不是。我們就招待購買『頂級的晚上九點』的客人，辦一場三十歲以上單身男性才能參加的啤酒祭！」

社長：「這不會有點悶嗎……」

山本：「沒問題的！主題就定為『頂級的一人祭典』，每位獨自過活的單身漢為了在接下來的時代過得更舒適，會創造出一種生活方式！我們就高喊這個口號，辦一場涵蓋音樂、食物、流行、運動、家具、雜貨以及家電……等等不單只是啤酒的跨文化體驗活動祭！參加身分限定為三十歲以上的單身男性，而聊天話題會讓 kaimono beer 的粉絲們自行準備。會場裡會準備好『食物』、『音樂』、『生活模式』、『文化』的交流會區，讓大家一整天就在各個會場裡開辦體驗活動。例如音樂會場就讓粉絲組成的樂團進行現場表演，食物會場舉行由粉絲開發、用來搭配 kaimono beer 的小菜食譜冠軍賽！生活型態會場就舉辦演講大會，讓喜歡家具和家電的粉絲們相互推薦『適合黃金單身漢獨居生活的室內設計與家電』，文化會場則讓喜歡讀書的粉絲交流想要搭配 kaimono beer 一面閱讀的小說讀書會。這樣如何？粉絲可以藉此互相介紹自己平常很講究的單身舒適生活風格。」

社長：「好棒啊，這種大型的大叔團體祭典！」

山本：「大家一起暢飲『頂級的晚上九點』，互相訴說、歡唱、舞動、傾聽……只要在這裡，就能深切感受我們公司『想讓大家更加放鬆』

的創業理念！我覺得務必要試試看。」

社長：「哦——感覺會成功呢……」

在那之後，公司舉辦的「頂級的一人祭典」有數千名單身男性參與，場面頗為盛大。食物會場內舉行的「配酒小菜食譜」第一名小菜後來成為 kaimono beer 的官方小菜並製成商品等等，達到讓粉絲加入商品開發的成果。

由於被活用在最重視粉絲心聲的 kaimono beer 商品開發上，因而產生了更多狂熱粉絲，提升忠誠度。再者，「限定三十歲以上單身男性」的概念也在媒體、網路上造成話題，隔年開始參加人數增加，成為 kaimono beer 每年會慣例舉行的活動。

因應聚集於此的高忠誠度粉絲意見，kaimono beer 進一步開發新商品。開發更高水準的商品與服務不再是不切實際的事情了。

※1 制定能夠招致客戶共鳴的概念、主題很重要

※2 不只是要給予顧客，顧客的參與度也很重要

POINT

## 「只有這個＝不只消費，還可以參與」的框架制定

### ●應該掌握的消費者心情

不是單純消費物品，想要透過參加、支持的方式獲得價值與自我認可。

### ●必須提供的價值

就算多少花點勞力，但正因為參加、支持才能得到的充實感。

### ●目標

作為支持消費者充實人生的場所，成為無法比擬、「獨一無二」的存在。

### ●企業必須要做的第一步

針對企業的商品、服務，創造出即便消費者要貢獻自己人生的一部分，也會「想參與、想支持」的「共同目標」。要思考出藉由參加可以獲得充實感並有持續性的制度。

# 尾章 所以貴公司才會被選擇

## 生活慾望領導行銷的時代

在第二部分，我們提及了在「框架攻略法」這種消費者從事先篩選過的範圍中做選擇的時代行銷會如何變化，並解說此時「框架」制定的三個重要視角。這種嶄新行銷的理想狀態——如果用一句話來表示，就是**「生活慾望領導行銷」**吧。

「這個就好／這個很好／只有這個」，這所有思考模式的共通點，就是企業並非只是「呼應消費者現有的要求即可」。在「這個就好」之中，雖然企業會想要讓消費者的購物更省力，但也會看出其不能妥協的要點，先一步提出「恰到好處」的商品。在「這個很好」之中，企業會早一步以商品、服務的形式提出消費者尚未成形的欲求。在「只有這個」之中，企業則是揭露出即便消費者耗費勞力，也會想要支持、參與的共同目標。

在過去物品不足的時代，是企業向消費者宣傳「這個商品很方便」的「生產導向」時代。後來的行銷則是「傾聽消費者想要的物品」，也就是「營銷導向」時代。然而，在物慾已經滿足，資訊複雜化導致很難看到消費者慾望的現在，企業先一步「呼籲」消費者的時代再度來臨。只是，和生產導向時代不同的是，企業呼籲的不單只是「改善」與「機能和便利性」。

往後人們會要求企業的是「未來生活風格」。針對消費者「想要安心、有效率選擇的欲求／尚未成形的欲求／想參與、支持的欲求」，企業用「這個如何？」來確認並領導消費者的「慾望」，形成未來的生活風格。

企業必須先一步知道消費者內心中渴望的「未來生活風格」為何。換言之，在往後這個時代，企業會被要求的並非「生產導向」，而是**「未來導向」**。

就算不是前所未有的技術或很創新的活動也無所謂。當看透企業已擁有的技術、商品、服務以及消費者慾望之間的關係時，只要從思考自家公司能夠領導引發消費者何種未來的生活慾望，一切就會開始了。

## 朝向企業與消費者會持續呼喚&回應的未來

當進入企業向消費者提問變成極為重要的時代，企業與消費者的關係也將大幅改變。並不是說企業「提問」，並讓消費者以「框架」的形式認知自家的品牌、服務與賣場後就可以安心下來。為了讓「框架」持續發揮機能，建立得以不斷向消費者提問的關係是很重要的。

事實上，許多實踐書中所介紹之「這個就好」、「這個很好」、「只有這個」框架的企業，早已開始執行這種「持續性提問」的活動。

在「這個就好」框架制定中所介紹的 Meal Kit 專賣店「Kochhaus」會於店內販賣從前菜、主菜到甜點的十八種嚴選 Meal Kit，但有部分的菜單會因應顧客的需求每周做出變化。而受到顧客歡迎的最佳菜色可以從Kochhaus的網站上購買食譜，該食譜也會隨著顧客的受歡迎度而持續更新。由此就可以看出Kochhaus為了不讓三百六十五天都在料理的人厭倦，而持續提供精選最佳菜色的態度。為求讓顧客持續感到「這個就好」，他們不斷努力著。

此外，在「這個很好」框架制定中介紹到生活風格雜貨店奇寶，會每周設定一個主題，持續投入三十到四十種新商品。再者，奇寶還創建了自家公司的社群網站，不斷觀察與每天在此更新的顧客的關係。有時候，奇寶也會要求螢幕測試者們「評估某項商品」。從店鋪到商品開發，都為了創造、維持讓顧客感到「這個才好！」的購物體驗而持續推行活動。

在「只有這個」框架制定中所介紹到自己支付金額，肩負勞動義務而參與店鋪經營的The People's Supermarket，該超市所揭露的社會貢獻主題也會持續變化。某個月是「地產地消」，下個月是「公平貿易商品」，再來是「減少食品浪費」等，與期望從自身周遭開始讓社會變好的顧客一起拋出各式各樣的社會議題，讓顧客持續參與。

在生活慾望領導行銷的時代，消費者與企業早就不像過去那樣處於「尋找高性價比的商品，比較探討後就結束」，只是點與線的關係。企業會向消費者提問想與自己共同度過怎樣的未來。被提問的消費者也會以「這個就好／這個很好／只有這個」等等各自的立場，不斷回饋給企業。企業持續與消費者交流，相互傾聽，企業提出新的問題，而消費者呈現出贊成、反對或無視的態度，企業再從其反應來改善商品或服務。

無法完美制定出詢問與反應關係的企業，就算曾一度發揮「框架」的機能，之後也會被消費者拋棄吧。

在「框架攻略法」的時代，企業與消費者已經不再是單純的消費，而是持續提問、回應，締結了類似「契約」般這種長期關係的新樣貌。

在反覆「呼喚&回應」的過程中，為了建立羈絆更加強烈的粉絲，也有不只制定「這個就好」、「這個很好」、「只有這個」這其中一個框架，而是用更加有策略性的方式來分別使用。

本書「統整專欄」中所提到的 Kaimono beer，就是採取分別使用的方式來掌握大範圍的顧客，培養成狂熱粉絲。

一開始，Kaimono beer 為了抓住更多的顧客，就因應「想要注意健康，卻又希望能講究啤酒的口味」這大範圍的需求而制定「這個就好」的框架，發售「沒有在精釀啤酒的味道上妥協，卻是低熱量的啤酒」。

接著，為了與顧客加深關係，Kaimono beer 又嘗試了「這個很好」的框架制定，以持續增加的獨居勞動男性為目標，掌握他們那種「拚命工作回家後，在一個人的夜晚，如果能夠有個與平常不同的獎勵就好」的心情，開發了每周三次定期配送小型精釀生啤機搭配小菜的服務，於是 Kaimono beer「頂級的晚上九點」這個新提案成功了！

接著最後，為了讓這些顧客成為不會從 Kaimono beer「出軌」的狂熱粉絲，公司執行了「只有這個」的框架制定。以「頂級的獨居生活」為主題，舉辦讓集結的顧客自行準備聊天話題來參加的祭典，成功讓顧客成長為會參與品牌的狂熱粉絲。

像這樣，企業藉由組合多種框架並詢問顧客，既拓展了顧客數，也活用在往後培養忠誠度的策略上。

要制定會被消費者選擇的「框架」很辛苦，為了讓這個「框架」持續發揮功能，要不斷提問並回應也很辛苦……或許有很多人這麼想。然而，我希望各位仔細思考一下，在過去電視廣告的行銷剛問世時，商業界也是相當驚訝，想著：「竟然會有這種大規模又麻煩的事情啊！」在生活變得富饒，消費者的需求越來越細，導致「思考消費者心情的行銷」出現時，大家也很驚訝地想著：「竟然會有如此先進的事情！」在活用網路的行銷誕生時，人們又驚訝於：「竟然會有這等複雜又程序麻煩的事情。」不過，無論是哪個時代的行銷，企業和商業人士不也是一邊喋喋不休地抱怨，然後開拓新時代嗎？

現在，時代的變化再度到來。如果貴公司能夠跟上這波變化，那也可以持續以「框架」的形式被消費者青睞選擇。

# 後記

二〇一五年，在聽聞我將調動到買物研究所這個部門時，我的同事略微笑著這麼說了：「之後你會不斷研究在店鋪販賣的法則吧？」

確實，在人事異動之前，講到「購物研究」，老實說我的印象頂多也只有讓店鋪熱熱鬧鬧起來賣東西的祕訣等等。

到底要怎麼找出在店裡賣東西的祕訣呢？我抱持著這樣的不安，來到新職場。

然而，開始在這個研究所進行未來的購物行動預測後，我才知道這樣的想像其實只占了購物的微小一部分領域而已。所謂思考購物，即是思考人們在生活中會「如何選擇」。

當考量到「選擇」時，這個研究的範圍就變得非常大。這是人類的生活，甚至是人生「抉擇」的延續。從懂事開始到朋友、升學學校、社團活動、興趣、就職公司、選舉、夥伴……我們的人生是在不斷反覆選擇之下成立的。這樣一想我才開始了解，所謂思考「選擇」這個研究不僅限於購物，而是有著更大的人類學意義。

接著，在思考「選擇」時，我也發現自己身為一名消費者，對於「選擇」感到越來越麻煩，更變成了壓力。由於選擇很麻煩，即便有慾望，最後甚至也只能先保留「決定」或是「購買」。

本書的研究，是我從這最純粹的個人感受開始的。我和買物研究所的高荷力所長、松井博代研究員、吉田汀研究員一同將這個感受設定為假說並進行驗證，本書才因而成立。

統整這些分析的關鍵字「框架攻略法」及「生活慾望行銷」，分別是文案寫手佐藤圭以子和當時的行動企劃局長才田智司先生所提供給我的。

此外，從對購物的關心和意識來分類橫跨多樣品種的二十七種商品這等困難的多變量統計，如果沒有MRS廣告調查股份有限公司的關氏、松本氏、細田氏的協助是無法成立的。我想深深向所有人員道謝。

再者，在本書後半的國內先進案例取材部分，很感謝在百忙之中協助我取材的「保險窗口集團股份有限公司」、「Satokame股份有限公司」以及「良品計畫股份有限公司」的各位。

在撰寫本書時，我將焦點放在「購物」上，撰寫完畢的現在，我又產生了新的興趣。

在資訊與商品持續增加之中，除了購物以外，我們的生活又會有怎麼樣的改變？為了迴避資訊爆炸的壓力，我們早已產生了「事先在智慧型手機中網羅對自己而言舒適的好情報」這種行動。像這般避免「選擇」勞力的行動不斷擴大，我們的生活又將何去何從？

恐怕，隨著往後的科技進步，我們被個人認為舒適的資訊所包圍，「選擇」壓力減少，能夠置身於舒爽又有興趣的空間——這樣的世界也會到來吧。身邊不太會有不需要、不舒服與摩擦的環境。但也不是說因為如此，就完全不會有選擇的壓力。例如在抉擇時，有時會產生不愉快的討論或摩擦等稅賦、社會保障與政治決策相關問題。還有，對於因長時間相處而無法避免人際關係上的摩擦與壓力等戀愛、結婚生活及育兒，人們又要怎麼應對？

正如同本書所說，恐怕我們無法放棄所有的選擇。到時候，又要怎麼去實踐「舒服選擇」的情況呢？

我們會一面加深對購物的洞察，並持續關注本書所提到的「選擇」變化會對社會、人類生活帶來何種影響。

最後，對於讓我參與撰寫新書並支持我的朝日新聞出版社菅原悠吾，以及從博報堂社內許多提議中發掘出了本書的主題研究，並撰寫成書籍企劃之博報堂ＤＹ媒體夥伴製作人細谷圓，我打從心底感謝，並請容許我在此為本書拉下終幕。

我會祈禱各位明日的購物能夠更加開心。

二〇一八年十一月

博報堂買物研究所　山本泰士

國家圖書館出版品預行編目（CIP）資料

那個為什麼會熱賣：商品與資訊氾濫的時代，如何利用「框架攻略法」讓消費者「衝動購買」/ 博報堂買物研究所著；郭子菱譯 . -- 初版 . -- 臺北市：遠流，2019.09
面； 公分
譯自：なぜ「それ」が買われるのか？：情報爆発時代に「選ばれる」商品の法則
ISBN 978-957-32-8622-6（平裝）
1. 消費者行為 2. 消費心理學 3. 行銷策略
496.34 108012652

**那個為什麼會熱賣：**
**商品與資訊氾濫的時代，如何利用「框架攻略法」讓消費者「衝動購買」**

作者／博報堂買物研究所
譯者／郭子菱
總編輯／盧春旭
執行編輯／黃婉華
行銷企畫／鍾湘晴
封面設計：江孟達
內頁排版設計：Alan Chan

發行人／王榮文
出版發行／遠流出版事業股份有限公司
地址：臺北市南昌路二段 81 號 6 樓
電話：（02）2392-6899
傳真：（02）2392-6658
郵撥：0189456-1

著作權顧問／蕭雄淋律師
2019 年 9 月 1 日 初版一刷
新台幣定價 340 元（如有缺頁或破損，請寄回更換）

ISBN 978-957-32-8622-6



遠流博識網
http://www.ylib.com
E-mail: ylib @ ylib.com